물리와 철학

근대과학의 혁명

베르너 하이젠베르크

조호근 옮김

서커스

차례

서문

    80여 년 전에 처음 도입된 이후로, 양자역학은 이론물리학자의 레퍼토리에서 가장 기초적이고 빼놓을 수 없는 일부가 되었다. 수많은 교과서가 정형화된 방식으로 양자역학을 가르치며, 그 방법론을 어떤 식으로 적용해야 하는지를 단순하게 서술한다. 양자역학의 원칙은 레이저 및 각종 전자장비의 작동 원리에 응용되며, 이제는 DVD 플레이어나 슈퍼마켓의 계산대와 같은 이색적인 장소에서도 찾아볼 수 있다. 의사들은 MRI(자기공명영상)라는 기술로 절개를 하지 않고 환자의 장기를 살펴보는데, 이 기술 또한 원자핵의 양자역학적 성질을 이용한다. 좀 더 난해한 분야로 들어가자면, 양자역학을 이용해 기초 단위의 입자의 성질을 계산한 결과는 실험으로 측정한 결과와 놀라울 정도로 정확하게 일치한다. 다른 말로 하자면, 양자역학은 완벽하게 검증되었으며, 놀라울 정도로 유용하고 온전히 신뢰할 수 있는 이론이라는 뜻이다.

그러나 이렇게 친숙한 이론임에도 불구하고, 붙들고 계속 캐묻다 보면 결국 대부분의 물리학자들이 양자론은 어딘가 괴상하고, 어딘가 미심쩍고, 어딘가 딱 맞아떨어지지 않는 느낌이 드는 부분이 있다는 점을 인정한다. 양자역학의 핵심적인 요소는 아직 베일에 싸여 있다. 따라서 베르너 하이젠베르크가 반세기 전에 스코틀랜드 세인트앤드루스 대학의 기퍼드 강연에서 발표한 내용을 정리한 저작이 지금까지도 혼란을 유발하는 바로 그 주제를 다루고 있다는 사실은 실로 다행이라 할 수밖에 없다. 하이젠베르크가 제시하는 해답, 아니 좀 더 정확하게 말하자면 그가 권하는 철학적 자세는 당대의 청중들에게 그랬던 것처럼 오늘날에도 어떤 이들에게는 도움이 되고, 어떤 이들을 당혹스럽게 만든다.

양자역학이 아직까지도 당혹스러운 주제인 이유를 이해하기 위해서는 그 기원을 간단히 살펴보는 편이 좋을 것이다. 이 강연 속에서 하이젠베르크는 본인이 연관되어 있는 두 가지 중요한 사건을 서술한다.

닐스 보어가 1913년 제창했으며 훗날 전기 양자론이라 불리게 된 이론에서, 원자는 태양계를 축소한 모습으로, 즉 전자들이 작고 무거운 원자핵의 주변 궤도를 뉴턴 역학의 법칙에 따라서 공전하는 모습으로 그려졌다. 여기에 양자 원리가 적용되며 무한한 수의 가능한 궤도 중에서 오직 특정 궤도만 유효하다는 제약이 가해졌다. 전자가 한 궤도에서 다른 궤도로 넘어갈 때는 두 궤도 사이의 에너지 차이와 동일한 전자기력 에너지의 소립자를 받아들이거나 방출해야 하는 것이다. 이런 소립자에는 훗날 '광자'라는 이름이 붙었다. 이 메커니즘은 수십 년 전에 발견된 스펙트럼선 현상, 즉 서로 다른 원자가 특정 주파수에서만 빛을 흡수하거나 방출하여 고유한 스펙트럼선을 가지는 현상을 설명해 줄 수 있었다.

1920년대 초반에 접어들어 뮌헨의 아르놀트 조머펠트가 발전시킨 전기 양자론은 과도하게 복잡하고 다루기 힘들어졌으며, 동시에 원자 단위의 수많은 미소(微小) 규모의 현상을 설명하는 데 실패하게 되었다. 따라서 원자 속의 전자들이 보이는 행동이 고전 역학과 근본적으로 다른 것일 수도 있다는 가능성이 대두했다. 당시 뮌헨에서 조머펠트 밑의 학부생으로 있던 베르너 하이젠베르크는 이런 위기를 생생하게 경험했고, 결국 1925년에 기묘하고 놀라운 해결책을 제시하기에 이르렀다. 이 책에서 그는 당시 상황을 "여기서 수학 법칙을 정리할 때, 전자의 위치와 속도에 대한 방정식이 아니라 푸리에 전개에서 진동수와 진폭에 대한 방정식으로 정리해야 한다는 착상이 떠오르게 된 것"이라고 설명한다.

이 수줍은 서술에는 부연 설명을 조금 덧붙여야 할 것 같다. 그가 말하는 착상이란 명백하게 하이젠베르크가 독자적으로 떠올린 것이었다. 상대성이론을 구상하며 아인슈타인이 시공간의 개념을 재정의한 것과 마찬가지로, 1925년 하이젠베르크는 그때까지 자명하게 여겨졌던 위치와 속도의 개념을 재평가하는 중요한 일을 해낸 것이다.

푸리에 급수는 기본적인 수학의 문제 해결식 중 하나로, 이를테면 바이올린 현의 모든 진동을 그 현에 존재하는 기본음의 적절한 조합으로 나타낼 수 있다는 것을 알려준다. 이런 표현에서 현의 특정 지점이 가지는 특정 순간의 위치와 속도는 현의 기본적인 화성 음의 특정한 조합으로 나타낼 수 있는 것이다. 이와 동일한 논리를 원자 속의 전자의 움직임에 적용했다는 점에서 하이젠베르크의 천재성이 드러난다. 전자의 위치와 속도를 기초적이며 본질적인 특성으로 간주하는 대신, 그는 위치와 속도를 간접적으로 표현하는 원자의 기본 진동의 조합으로, 즉 개별 원자의 분광 주파수로 설명하는 내용을 적어 내려갔다.

이는 좋게 봐도 괴상하다고밖에 말할 수 없는 방식이었다. 그러나 위치와 속도에 대한 새로운 정의를 일반적인 역학 법칙에 대입하면서, 하이젠베르크는 완벽하게 새로운 방식으로 양자화의 법칙이라는 놀라운 발견을 해냈다. 그의 방정식은 전자의 에너지가 제한된 특정 값을 가질 경우에만 말이 되는 답변을 제공했다. 이 책에서는 너무 겸손해서인지 직접적으로 말하고 있지 않지만, 하이젠베르크는 이 시점에서 양자역학의 씨앗을 발견한 것이다.

훗날 폴 디랙과 파스쿠알 요르단이 체계를 잡으면서, 고전역학의 법칙은 놀라울 정도로 거의 변하지 않은 상태로 양자역학이라는 새로운 체계 속으로 포함되었다. 바뀐 것은 법칙이 적용되는 대상의 양적 특성, 즉 역학의 기본 요소로 간주되어 온 입자의 위치와 속도 등의 문제일 뿐이었다.

그리고 이 시점에서 문제가 발생했다. 2년 후, 그의 이름을 세상에 알린 불확정성원리에서, 하이젠베르크는 양자역학에서는 위치와 속도가 고전 역학에서 향유하던 직접적이고 명확한 지위를 가지지 않는다는 점을 증명해 보였다. 위치와 속도는 이제 특정 입자의 기본적 성질이 아니라 양자계에 대한 정밀한 측정을 수행하여 도출해 내야 하는 부차적인 성질이 된 것이다. 불확정성원리는 종종 '입자의 위치를 정밀하게 측정할수록 속도를 확정하는 것은 더욱 힘들어지며, 반대의 경우 또한 마찬가지다'라는 식으로 표현된다. 그러나 보다 엄밀하게 표현하자면, 양자 단위의 입자는 위치나 속도에 상응하는 고유한 성질을 가지고 있지 않으며, 이런 양적 성질에 대한 값을 얻어 내기 위해 양자계를 측정할 경우 그 측정이 양자계에 영향을 미칠 수밖에 없다고 말할 수 있을 것이다.

심지어 양자 단위의 입자라는 생각 자체가 잘못일 수도 있는데, 이 개념에는 '입자'라는 단어에 함축되어 있는 의미의 일부가 더 이상 명확하게 적용되지 않기 때문이다. 하이젠베르크가 자신의 양자역학을 공식화하고 몇 달이 지나지 않아, 에르빈 슈뢰딩거가 원자를 다른 식으로 그려 보이는, 자신의 이름이 붙은 방정식을 들고 나왔다. 슈뢰딩거의 그림에서는 원자에 속하는 개별 전자들은 확산되어 있는 정상파의 형태를 가진다. 단순하게 서술하자면 이 파동은 전자 하나가 원자핵 주변의 특정 지점에 존재할 확률을 나타내는 것이다.

전자는 입자일까, 아니면 파동일까? 하이젠베르크가 이 책에서 주장하는 대로, 이 질문의 답은 '파동'과 '입자'라는 단어가 일상의 경험에서 유래하여 고전 역학에 의해 정의된 개념이며, 그 정의에 따라 서로 배타적일 수밖에 없다는 것이다. 파동은 입자일 수 없으며 입자는 파동일 수 없다. 양자 단위의 대상은 둘 중 어느 한 쪽에 속하지 않는다. 파동으로서의 성질을 측정하려 하면 (예를 들어 회절이나 간섭 실험을 통해 파장을 측정하려 하면) 관찰 결과는 파동처럼 보이게 된다. 반면 입자로서의 성질을 측정하면 (즉, 위치나 속도를 측정하면) 전자는 입자의 행동 양식을 따른다.

1932년 노벨물리학상 수락 강연에서, 하이젠베르크는 "양자역학은… 보어의 대응 원리를 다듬어서 완벽한 수학 공식으로 확장하는 과정에서 태어났다"라고 말했다. 이 또한 극도로 겸손한 태도다. 물론 보어의 대응 원리, 즉 양자계가 거시적 규모에서는 고전적인 행동과 모습을 보일 것이라는 추측이 길잡이 역할을 한 것은 분명하지만, 양자역학으로 이어지는 독창적인 착상은 분명 하이젠베르크 본인의 것이었다. 1926년 후반에서 1927년 전반에 걸쳐 하이젠베르크와 보어는 코펜하겐에서 협력하며 — 또는 격렬하게 충돌하며 — 연구를 수행했고, 이런 치열한 의견 교환에서 불확정성원리와 이후 보어가 열렬히 홍보를 하고 다닌, 흔히 말하는 양자역학의 코펜하겐 해석이 탄생했다. 하이젠베르크는 보어의 관점에 즉각 동의하지는 않았지만, 노벨상 강연을 하고 이 책의 강의를 할 즈음에는 분명 코펜하겐 진영에 진심으로 소속되어 있었고, 자신이 지지를 표한 여러 원리의 성립을 보어의 공으로 돌렸다.

하이젠베르크는 물질의 본질을 이해하기 위해서는 언어의 문제가 필수적이라고 반복해서 주장한다. 물리학의 관습적인 언어는 우리가 경험하는 세계에 맞추어 만들어진 것이다. 자동차와 야구공은 일정한 속도로 운동하고 특정 순간에 지정된 위치를 가지며, 파동은 완전히 다른 부류의 존재로 간주하고 상당히 다른 언어로 기술해야 하는 세계 말이다. 그러나 이 모든 현상의 밑바탕에는 양자 현상의 세계가 존재하며, 이 세계는 수많은 측정과 관찰을 통해 우리가 인지하는 세계를 형성한다. 양자계를 우리에게 친숙한 고전적 언어로 기술하고 싶어지는 것은 당연한 일이지만, 바로 이 지점에서 난점이 발생한다. 양자 단위의 세계는 파동과 입자의 세계, 위치와 속도의 세계가 아니다. 이런 성질은 실제로 측정을 한 다음에야 우리에게 친숙한 의미를 가지게 된다. 하지만 그 의미란 불확정성원리가 제시하는 제한의 대상이 된다. 고전 언어로 양자 세계를 기술하려는 시도는 일관성의 부재와 모순에 부딪칠 수밖에 없는 것이다.

파동 또는 입자의 양상을 한쪽만 적용하는 일이 부적절함을 강조하면서, 하이젠베르크는 "양쪽 서술을 모두 사용해야만, 즉 상황에 따라 한쪽에서 다른 쪽으로 옮겨 다녀야만, 우리는 원자 단위의 기묘한 세계가 실제로 어떤 모습인지를 제대로 파악할 수 있다"고 말한다. 상당히 많은 수의 독자들이 이를 단순한 회피 전략으로 받아들일지도 모른다는 걱정이 든다. 그런 독자들이라면 "그건 알겠습니다만, 하이젠베르크 교수님, 그 '기묘한 세계'가 실제로 무엇으로 구성되어 있는지 명확하게 설명해 주실 수는 없나요?"라고 말할지도 모르겠다. 그러나 바로 그 '명확한 설명'이야말로 궁극적으로 불가능한 것이다.

코펜하겐 해석에서는 이런 교착 상태를 해결하기 위해 과거의 언어, 즉 파동과 입자, 위치와 속도를 사용하는 전략을 취했지만, 여기서 이런 단어가 품고 있는 의미가 본질적인 성질이 아니라 관찰과 측정이라는 방법을 통해서만 우리에게 전달될 수 있는 성질이라는 점을 이해해야 한다고 강조했다. 여기서 양자역학의 주장으로 널리 알려져 있는 측정이라는 행위가 측정 대상을 정의한다거나, 측정의 대상과 측정하는 주체가 밀접하게 얽혀 있다는 표현이 나오게 되었다.

이런 주장의 결과로 우리가 세계에 대해 가질 수 있는 지식이 고전 물리학의 시대와는 달리 모호하고 주관적이 되었다는 주장은 사실 지당해 보일 것이다. 어떤 부류의 측정을 하느냐에 따라 다른 정보를 얻게 된다면, 그리고 다양한 측정을 자유롭게 선택할 수 있다면, 디킨스의 작품 속 그래드그라인드 씨*의 표현대로 엄밀한 사실의 세계가 완벽하게 말소되어 버렸다는 결론을 내릴 수 있지 않을까? 이제 우리가 어떤 식으로 세계를 관찰할지에 대한 충동적인 선택에 따라 세계의 형상이 변화하게 되는 것은 아닐까?

---

* 찰스 디킨스의 소설 『어려운 시절Hard Times』의 등장인물.

하이젠베르크는 이런 추론에 격렬하게 반대한다. 그는 측정이란 특정할 수 있는 구체적인 행위로서, 명확한 정보를 제공한다고 말한다. 그리고 시대를 막론하고, 과학이 우리에게 보여주는 세계의 모습은 항상 우리가 찾아낼 수 있는 정보의 종류에 따른 제약을 받아 왔다. 하이젠베르크는 "우리가 관찰하는 대상이 자연 그 자체가 아니라 과학의 방법론에 노출된 자연의 일부라는 사실을 항상 기억해야 한다"고 말한다.

여기서 독자들은 다시 한 번 답변이 부족하다고 생각하며 거북함을 느낄지도 모른다. 고전 역학의 세계는 사실의 집합으로 구성되어 있었으며, 자세히 관찰하면 할수록 더 많은 사실을 취합할 수 있었다. 그러나 양자역학에서는 세계에 대한 특정 사실을 알게 되면 다른 부류의 사실은 영원히 알 수 없게 되어버리는 새롭고 거북한 상황이 상당히 자주 발생한다. 그렇다면 우리가 살고 있다고 생각했던, 객관적 자료와 측정 가능한 정보로 구성되어 있는 세계가 주춧돌부터 무너져 내리는 것은 아닐까?

이런 질문에 대한 코펜하겐 해석의 답변은 결국 양자 세계를 고전적인 방식으로 묘사해 주기를 원하는 것인데, 이는 양자역학의 정의에 따라 불가능한 일이라는 것이다. 그러나 이런 답변만으로는 어떤 식으로 생각을 고쳐야 할지 알 수가 없다. 우선 시도하기도 전에 적절한 언어가 없다고 간주하고 들어가면, 특정 상태를 기술하는 일은 불가능한 것이 아닌가? 하이젠베르크는 이 난제를 설명하기 위해 고대 그리스에서 출발해 칸트에 이르는 철학 여행을 시작한다. 이런 시도를 한다는 일 자체가, 일반적으로 자신의 연구 대상에 대한 철학적 사고를 꺼려하거나 무시해 버리는 대부분의 현대 물리학자들과 하이젠베르크가 다르다는 점을 알려준다. 무엇보다 하이젠베르크는 20세기 초반의 독일에서 교육을 받았으며, 철학 교수를 아버지로 두고 있었다. 하이젠베르크에게 있어 철학에 대한 지식이란 그저 훌륭한 교양 교육의 일부였을 뿐이다.

하이젠베르크는 세계를 정신과 물질로 나눈 데카르트의 이분법을 극도로 강조하며, 이를 객관적 진실에 대한 고전적 신념의 핵심이라 칭한다. 여기서 객관적 진실은 독립적으로 존재하며 엄밀한 검토라는 세례를 받기만을 기다리는 물질세계를 말한다. 이런 거만한 태도는 고전 물리학의 발전에는 필수적인 요소였을지도 모르지만, 이런 주장을 의심할 여지 없는 자명한 진실이라 생각하면 곤란하다. 예를 들어 아리스토텔레스는 실체를 가지는 사물이 실제가 아니라 가능성으로 구성되어 있는 공통의 질료, 즉 '가능태'에 형상을 부여한 결과물이라고 생각했다. 물론 하이젠베르크가 이를 통해 아리스토텔레스가 슈뢰딩거의 파동함수를 어떤 식으로든 예측했으리라고 주장하는 것은 아니다. 그저 현실과 물질에 대한 우리의 현대적인 관점이 지금은 자명해 보일지라도 항상 그랬던 것은 아니며, 사실 상당한 지적 투쟁을 통해 얻어낸 결과물이라는 점을 지적하고 싶었을 뿐이다.

그리고 이런 식으로 현실에 대한 관점이 바뀌는 일이 예전에도 일어났다면, 언제든 다시 일어날 수도 있을 것이다. 하이젠베르크는 여기서 특정 관념과 원리의 집합이 한쪽 분야에서 유용했다고 해서 다른 곳에 적용해도 진실을 얻어낼 수 있으리라 생각하는 유혹에 빠지면 안 된다고 주의를 준다.

보다 논란의 여지가 적은 다른 예로 상대성이론이 있다. 알베르트 아인슈타인은 시공간이 뉴턴 역학의 우주와는 달리 절대적인 존재가 아니며, 동시성이란 개념은 관찰자에 달려 있다는 사실을 증명했다. 20세기 초의 과학자들 중 일부는 낡고 '상식적'인 시공간의 개념이 해체되는 일을 견딜 수 없었고, 따라서 상대성이론은 격렬한 집중포화에 시달렸다. 그러나 수난의 시대는 제법 빨리 지나갔다. 상대성이론이 요구하는 변화는 처음 봤을 때와는 달리 그리 극적이지도, 견딜 수 없는 내용도 아니었던 것이다. 상대성이론이 수월하게 받아들여진 가장 큰 이유는, 하이젠베르크의 표현에 따르자면, 상대성이론이 '눈앞의 진실'의 사실성을 부인하지는 않았기 때문이다. 두 명의 관찰자가 경험하는 사건의 순서가 다를 수는 있지만, 사건이 실제로 일어났다는 점은 부인할 수는 없으며, 상대성이론은 두 관찰자의 경험이 어떻게 서로 다른 시간 순서를 가질 수 있는지를 명쾌하고 논리적으로 설명해 준다.

반면 양자역학에서는 고전적 가정이 파괴되기는 했지만 그를 대체할 만족스러운 가정을 제기해 주지 않았다. 이런 관점에서 보면 코펜하겐 해석이란 특정 질문에 대한 답변이 근본적으로 불가능하다고 자위하며 실용적인 관점에서 양자론을 다룰 수 있도록 해 주는, 실용을 위한 기술적인 해결책으로밖에 보이지 않는다. 당연히 이런 전략은 격렬한 반대에 직면했다. 하이젠베르크가 코펜하겐 해석에 대한 비판을 다루는 장은 시대의 변화에 따라 의미가 퇴색된 감이 있는데, 이 장에서 언급하는 비판 중 많은 수가 오래전에 모습을 감추었기 때문이다. 그러나 그중 두 가지는 아직까지 고려해 볼 가치가 있다.

1950년대 초반, 하이젠베르크가 이 책의 강의에 들어가기 조금 전에, 데이비드 봄은 양자역학을 다른 방식으로, 그의 주장에 따르자면 실증적인 성공은 전혀 훼손하지 않고 고전 철학을 지지하는 형태로 재구성하는 방법을 창안했다. 봄의 주장에 따르면, 입자에는 관찰자가 확인할 수는 없으나 측정의 결과를 결정하는 '숨은 변수'라는 성질이 있다. 예측 불가능해 보이는 양자 단위의 사건들은 이런 숨은 변수를 무시하기 때문에 일어나는 것이다. 이런 주장을 따르면 양자역학은 적어도 겉보기만은 기체 속의 원자를 다루는 고전 역학과 비슷한 형태가 된다. 즉, 개별 원자의 운동을 모르더라도 기체의 전체적인 운동은 통계적으로 예측할 수 있는 상태와 유사한 것이다. 그러나 개념적 측면에서는 두 경우에 상당한 차이가 존재한다. 고전 역학에서 우리는 원자의 특성을 더욱 정밀하게 측정하기 위한 좀 더 교묘한 실험을 생각해 낼 수 있다. 그러나 아직도 제법 지지자가 많은 봄의 역학에서는 숨은 변수가 가지고 있는 정보는 언제나 손이 닿을 수 없는 곳에 있다. 사실 양자역학으로 설명하는 현상의 외부의 모습을 그대로 유지하려면 당연한 결과일 것이다.

하이젠베르크는 봄의 역학이 겉보기만큼 매력적이지 않은 이유를 다양하고 설득력 있게 열거하지만, 그의 기본적 태도는 결국 숨은 변수를 통한 접근 방식은 기껏해야 부분적이고 피상적으로 고전적 현실로 돌아가기 위해, 순수한 양자역학이 가지는 수학적으로 우아한 대칭성을 송두리째 파괴해 버린다는 것이다. 다른 말로 하자면, 봄의 역학은 볼썽사납다는 말이다.

코펜하겐 관점에 대한 다른 비판은 잘 알려진 대로 '명쾌한 현실'을 평생 동안 지지해 온 아인슈타인에게서 온 것이다. 아인슈타인은 1935년에 젊은 동료 학자인 보리스 포돌스키와 네이선 로젠과 함께 그 유명한 아인슈타인-포돌스키-로젠(EPR) 논문을 발표하며, 양자역학에 존재하는 저자들이 생각하기에 입증할 수 있는 흠결, 또는 역설에 대해 논의했다. 이 논문은 특정 사건에서 발생하는 두 개의 입자가, 그 기본적 성질의 일부가 서로 연관되어 있으며 서로에게서 멀어지는 방향으로 날아가는 경우를 생각해 보라고 말한다. 입자 중 하나의 특정 성질을 측정하는 실험자는 그와 동시에 다른 쪽 입자의 대응하는 성질도 알 수 있다. 아인슈타인, 포돌스키, 로젠은 이 경우에 물리학자가 대상 입자를 직접적으로 관찰하지 않고도 입자의 성질을 알아낼 수 있기 때문에, 입자의 성질은 미리 결정되어 있던 고유한 것이라고 말한다. 즉 양자론에서처럼 결정할 수 없는 것이 아니라 고전적 사고에서처럼 결정되어 있다는 것이다.

오랫동안 EPR 논문에서 제기한 비판은 그저 형이상학적인 고찰로만 여겨졌다. 그러나 기퍼드 강연으로부터 10년이 지난 후, 물리학자 존 벨은 EPR 분석을 복잡하지만 실현 가능한 실험으로 구성하는 데 성공했다. 만약 관측 전의 입자가 양자역학의 불확정성 대신 실제로 결정되어 있지만 알려지지는 않은 특성을 가지고 있다면, 벨이 제안한 실험의 결과는 양자역학에서 예측한 결과와 일치하지 않을 것이다. 이 실험은 하이젠베르크가 사망한 1976년 이후에야 실제로 수행되었고, 그 결과는 양자역학의 결론을 재확인하고 EPR 분석의 추측과는 일치하지 않는 것이었다. 하이젠베르크가 아인슈타인의 관점을 분석하며 지적했듯이, 양자역학의 현실 개념은 고전적 현실 개념과 다르다. 아인슈타인 개인의 호불호는 아무런 영향을 끼치지 못한다.

따라서 양자역학의 표준 해석은 살아남았으며, 하이젠베르크의 우아한 강연은 그 가치와 설득력을 유지할 수 있게 되었다. 그러나 이야기는 여기서 끝나지 않는다.

코펜하겐 전략은 실험실에서 수행한 실험에는 완벽하게 들어맞는다. 심지어 별이나 은하계의 구조를 연구하는 천문학자들의 경우에도 마찬가지인데, 이 경우에는 어느 부분을 양자역학으로 다루고 어느 부분을 고전 역학으로 다룰지를 크게 고민하지 않아도 되기 때문이다. 그러나 우주 전체를 시야에 넣으면 그렇게 명확한 구분은 불가능하다. 우주는 기본 입자들이 서로 격렬하게 상호 작용을 벌이는 짧고 강렬한 혼돈 상태, 즉 빅뱅으로부터 시작되었다. 빅뱅이 일어난 시점은 모든 사건을 양자역학으로 해석해야 하는 순간일 것이다. 그 이후 우주가 팽창하고 냉각되면서 구조가 모습을 드러내기 시작했다. 처음에는 물질 그 자체가 생기고, 물질이 응집하여 초기 항성을 만들었으며, 그런 일련의 작용이 계속되어 마침내 현재의 우주에 이르렀다. 이런 진화 과정의 어딘가에서 형체가 모호한 양자 구름으로부터 은하와 항성과 행성들이라는 객관적인 현실인 존재들이 등장한 것이다. 그러나 존재하는 모든 것은 우주에 포함되기 때문에, 외부의 측정 또는 관찰자가 이런 일을 도왔을 수는 없다.

코펜하겐 해석의 관점이 관찰자와 관찰 대상의 분리에 의거한 것이기 때문에, 단 하나의 우주로서 모든 존재가 연결되어 있는 계에서는 문제가 발생할 수밖에 없다. 그렇다고 해도 코펜하겐 해석의 본질은 그대로 살아남을 수 있다. '결어긋남 decoherence'이라는 이름이 붙은 작용을 통해, 물리학자들은 복잡한 양자계의 내부 상호 작용이 끊임없이 일어나는 일종의 자가 측정의 역할을 할 경우, 그로 인해 양자 구조가 계속 유동 상태에 있는 계에서도 명확하게 정의된 성질을 가질 수 있으리라 생각한다. 이런 상황이 성립할 경우 이 성질들은 변화가 적기 때문에 독립적이고 객관적인 현실로 간주할 수 있으며, 따라서 고전적이라는 딱지를 붙일 수 있을 것이다. 이런 시도가 성공을 거둔다면, 고전 물리학이 "우리 자신을 언급하지 않고도 세계의 일부에 대해 서술할 수 있다는 이상"일 뿐이라는 하이젠베르크의 주장에도 타당성이 생길 것이다.

물론 이는 두고 봐야 하는 일이다. 아직까지는 비평가들이 양자역학의 코펜하겐 해석이 특정 기초적 질문에 대한 답을 제공해 주지 못한다는 사실 때문에 불만족을 표하는 것도 당연한 일이다. 코펜하겐 해석은 양자 세계의 '실제' 모습에 대해 말할 수 없다는 점만 지적할 뿐 결국 아무것도 알려주지 못하며, 우주 규모의 사건을 서술할 때는 문제에 봉착한다. 그러나 나는 이런 결점이 도리어 미덕이라 생각한다. 코펜하겐 해석은 양자역학을 안정적으로 사용할 수 있는 방법을 제공하며, 이를 통해 답할 수 없는 질문들은 사실 물리학자들이 마지막 기초 퍼즐, 즉 양자론과 중력을 연결하는 문제를 해결하기 전에는 답할 수 없는 문제들이다. EPR 계열의 비판을 증명하는 실험들은 양자론과 중력이 어떤 식으로 서로 모순되는지를 입증해 보였다. 입자 하나를 측정할 경우 그 짝이 되는 입자의 불확정성을 가지는 성질이, 서로의 거리가 고전 물리학의 기준으로 제법 떨어져 있는 경우라도 즉시 결정되어 버리는 것이다. 물리학자들이 비논리적이라 말한(그리고 아인슈타인이 공공연한 반감을 표출하며 '유령 같은 원격 작용spooky action at a distance'이라고 칭한) 이런 현상은 이제 실증적으로 그 존재가 명백해졌지만, 동시에 일반 상대성이론의 근간이 되는 고전적 인과율의 정신과 어긋나는 것으로 보인다.

중력을 양자론으로 표현할 수 있게 된다면 인과율, 불확정성, 그리고 시공간의 구조가 모두 조화롭게 융합되어 이런 모든 원리들의 충돌이 해결될지도 모른다. 그러면 아직까지도 수수께끼로 남아 있는 양자역학의 내부 구조에 대한 단서가 등장할 수도 있을 것이다. 그때까지는 놀랍도록 성공적이지만 여전히 논란이 끊이지 않는 이 물리학 분야를 물리학자들이 어떻게 받아들이는지 알아보기 위해서는, 이제 고전의 반열에 오른 하이젠베르크의 강의 내용을 참고하는 쪽이 최선의 방책일 것이다.

데이비드 린들리[*]

---

[*] 데이비드 린들리는 케임브리지 대학, 페르미 국립 가속기 연구소, 버클리 대학에서 천체물리학을 연구했으며, 이후 『네이처』, 『사이언스』, 『사이언스 뉴스』의 검토 편집자로 활동했다. 2000년 이후로는 과학 관련 저술에 매진하고 있다. 대표작으로는 『볼츠만의 원자』(2001), 『불확정성』(2007) 등이 있다.

물리와 철학

Physics and Philosophy

1.
옛 전통과 새로운 전통

오늘날의 현대 물리학에 대해 말할 때 가장 먼저 떠오르는 주제는 다름아닌 핵무기다. 핵무기가 현재 세계의 정치 구조에 끼치는 막대한 영향은 모두가 알고 있으며, 따라서 물리학의 전반적인 영향력 또한 과거 어느 때보다 강해졌다. 그러나 현대 물리학의 가장 중요한 요소가 정치적 영향력이라고 말하는 것이 타당한 일일까? 새로운 기술의 등장에 맞춰 세계의 정치 구조가 바뀌게 된다면, 현대 물리학의 영향력은 어떤 식으로 남게 될까?

이런 질문에 답하려면 우선 모든 도구에는 그 도구를 창조한 정신이 담겨 있다는 사실을 기억해야 한다. 모든 국가와 정치 공동체가 지리적 위치나 문화적 전통과는 관계없이 새로운 무기를 원하기 때문에, 현대 물리학의 정신은 수많은 사람들의 정신 속으로 파고들어 다양한 방식으로 수많은 옛 전통과 융합할 것이다. 그렇다면 새롭고 특수한 현대 과학의 한 분야인 현대 물리학이, 아직까지 강력한 영향력을 유지하는 여러 옛 전통에 어떤 식으로 충격을 주고 영향을 끼치게 될까? 지금까지 현대 과학이 발전해 온 지역에서는 상당히 오랫동안 실용적인 요소, 즉 산업과 기술 및 그러한 행위의 내적 또는 외적인 환경의 분석에 사람들의 관심이 집중되어 왔다. 이 지역의 사람들은 오랜 시간에 걸쳐 현대 과학의 사고방식에 천천히 적응해 왔기 때문에, 새로운 관념을 비교적 수월하게 받아들일 수 있을 것이다. 그러나 세계의 다른 지역에서 새로운 개념은 지역 문화의 종교 및 철학적 기초와 맞서야 한다. 현대 물리학은 실재성이나 시공간처럼 철학의 기본적인 개념을 다루기 때문에, 이런 대치 상황에서 전혀 예측할 수 없는 새로운 결과물이 등장할 수도 있다. 현대 과학과 고전적 사고방식의 접점을 논할 때 잊지 말아야 할 특징 중 하나는, 그런 대치가 완벽하게 국제적인 성격을 가지게 된다는 점이다. 사상의 교환 과정에서 한쪽 주체, 즉 옛 사상은 지역에 따라 다른 형태를 가지겠지만, 다른 쪽의 주체, 즉 현대 과학은 지구 어디서나 동일한 형태를 가지며, 따라서 이런 교류의 결과는 토의가 벌어지는 모든 지역으로 확산될 것이다.

이런 점을 고려해 볼 때, 현대 물리학의 개념을 너무 전문적이지 않은 용어로 서술하고, 그 철학적 함의를 연구하고, 이를 통해 도출된 내용을 옛 전통과 비교해 보는 작업 또한 나름의 중요성을 가질 것이다.

현대 물리학의 세계로 들어가는 가장 좋은 방법은 양자론이 성립된 과정을 역사 속에서 서술하는 것이다. 물론 양자론은 원자물리학의 작은 일부일 뿐이며, 원자물리학 또한 현대 과학의 아주 작은 일부일 뿐이기는 하다. 그러나 양자론만큼 현실이라는 개념에 가장 기초적인 변화를 가져온 이론은 없으며, 양자론 속에는 원자물리학의 새로운 개념들이 최신 형태로 응축되어 있다. 핵물리학을 연구하기 위해 사용하는 터무니없이 거대하고 복잡한 실험 장비는 현대 과학의 놀랍고 압도적인 측면을 보여준다. 그러나 핵물리학에서 사용하는 실험 기술 또한 결국 하위헌스나 볼타나 패러데이 이후로 꾸준히 발전해 온 현대 과학의 방법론을 극도로 확장시킨 것에 불과하다. 마찬가지로 양자론의 일부에서 사용하는 끔찍하게 어려운 수학 또한 뉴턴이나 가우스나 맥스웰의 방법론을 극단적인 경우에 적용한 것에 지나지 않는다. 그러나 양자론을 통해 발현된 현실 개념의 변화는 단순히 과거 발전의 연장선상에 있다고만은 할 수 없는데, 양자론은 사실 현대 과학의 구조를 파괴했다고도 말할 수 있기 때문이다. 그러니 다음 장에서는 우선 양자론의 성립 과정을 역사적 관점에서 살펴보기로 하자.

2.
양자론의 역사

양자론의 시작점은 잘 알려져 있지만 원자물리학의 중심 개념에는 속하지 않던 현상이었다. 모든 물질은 가열하면 빛을 내기 시작하는데, 처음에는 붉은색으로 달아오르다 온도가 더 높아지면 흰색을 내뿜게 된다. 여기서 방출하는 빛의 색깔은 물체의 표면 성질과는 별로 연관이 없으며, 흑체의 경우에는 온전히 온도에 따라서만 변화한다. 따라서 이런 흑체가 높은 온도에서 방출하는 복사 에너지는 물리학의 연구 대상으로서 적합하다고 할 수 있다. 이미 알고 있는 복사와 열의 법칙에 따라 단순하게 설명할 수 있어야 하는 단순한 현상이기 때문이다. 그러나 19세기 말엽 레일리 경과 진스의 시도*는 실패로 돌아갔으며, 이를 통해 이 현상에 심각한 난점이 존재함이 밝혀졌다. 이러한 난점의 정확한 내용은 여기서 단순한 언어로 표현하기는 힘들기 때문에, 일단은 알려진 법칙을 적용하니 합리적인 결과가 나오지 않았다고만 말하기로 하자. 1895년 이 분야의 연구를 시작한 플랑크는 문제의 대상을 복사에서 복사를 방출하는 원자로 옮기려 했다. 이렇게 바꾼다고 해서 본질적인 난점이 해결된 것은 아니지만, 경험적인 사실을 좀 더 단순하게 해석할 수 있게 되기는 했다. 비슷한 시기인 1900년 여름에, 쿨바움과 루벤스는 베를린에서 열복사의 스펙트럼을 매우 정확하게 측정하는 방법을 개발해 냈다. 이 소식을 들은 플랑크는 단순한 방정식을 통해 열과 복사 사이의 보편적 연관 관계를, 자신의 연구를 통해 말이 되는 것처럼 보인 방식으로 표현하려 시도했다. 결국 그러던 어느 날 플랑크와 루벤스는 플랑크의 자택에서 차 모임을 가지면서 루벤스의 최신 결과와 플랑크가 제안한 방정식을 맞춰 보았다. 비교 결과 양쪽의 내용은 완벽하게 들어맞았다. 이렇게 해서 플랑크의 열복사 법칙이 발견된 것이다.

이는 동시에 이후 플랑크가 수행한 치열한 이론적 탐구의 시작을 알리는 신호탄이기도 했다. 새로운 방정식을 물리학의

---

* 레일리-진스 법칙을 말한다. 흑체의 복사에너지의 분포를 고전 물리학에 기반을 두고 유도하였으나, 장파장과 고온에서는 실험 결과와 일치하지만 파장이 0에 수렴할수록 복사의 세기가 무한대로 증가한다는 난점을 보인다.

관점에서 어떻게 해석해야 할 것인가? 플랑크는 이전 연구의 결과를 이용해 그의 방정식을 복사를 방출하는 원자의 성질로 손쉽게 치환할 수 있었을 테니, 분명 그 방정식이 개별 원자가 에너지의 미립자를 가지고 있다는 뜻으로 해석될 수밖에 없음을 바로 깨달았을 것이다. 고전 물리학의 법칙과는 너무도 다른 결과이니만큼 분명 그도 처음에는 믿지 않았을 것이다. 그러나 1900년 여름의 치열한 연구 기간 동안, 그는 마침내 그런 결론을 벗어날 방도가 없다는 사실을 받아들이게 되었다. 플랑크의 아들이 증언한 바에 따르면, 플랑크는 베를린 근교의 그룬발트 숲을 산책하며 자신의 새로운 착상을 설명해 주었다고 한다. 긴 산책 동안 그는 자신이 최고 수준의 발견을 했다고 생각한다고, 어쩌면 뉴턴 외에는 비길 수조차 없는 그런 발견을 했다고 말했다. 따라서 이 당시 플랑크는 자신의 방정식이 우리가 그때까지 자연을 설명해 온 방식의 근간을 건드린다는 사실을 명확히 인지하고 있었던 셈이다. 또한 이러한 물리학의 근간이 언젠가는 고전 물리학이 정립한 당시의 위치에서 미지의 새로운 균형점으로 이동하게 될 것이라는 예측도 할 수 있었을 것이다. 전반적으로 보수적인 인물이었던 플랑크는 이런 상황이 조금도 마음에 들지 않았지만, 어쨌든 1900년 12월에 자신의 양자 가설을 발표하기에 이른다.

에너지가 개별 미립자를 통해서만 방출 또는 흡수될 수 있다는 착상은 너무도 새로웠기 때문에 고전적인 물리학의 틀 안에 끼워 넣을 수가 없었다. 예전의 복사 법칙에 자신의 가설을 적용해 화해를 이루려던 플랑크의 시도는 가장 중요한 부분에서 실패하고 말았다. 여기서 새로운 방향으로 다음 단계의 진보가 이루어지기까지는 5년이라는 세월이 걸렸다.

이번에 등장한 사람은 젊은 알베르트 아인슈타인이었다. 아인슈타인은 수많은 물리학자들 중에서도 단연 돋보이는 혁신적인 천재로, 기존 개념에서 벗어나는 것을 두려워하지 않는 사람이었다. 양자 가설이라는 새로운 개념을 사용하려면 두 가지 문제가 있었다. 하나는 소위 말하는 광전현상이라는 것으로, 빛을 받은 금속에서 전자가 방출되는 현상이다. 여러 실험, 특히 레나르트*의 실험은 입사하는 빛의 세기가 증가해도 방출되는 전자의 에너지는 증가하지 않으며, 그 에너지는 입사하는 빛의 색, 보다 정확하게 말하자면 파장에만 영향을 받는다는 사실을 밝혀냈다. 이는 고전 물리의 복사 이론에 따르면 이해할 수 없는 일이었다. 아인슈타인은 플랑크의 가설을 해석해서 이런 관찰 결과를 해석했고, 그에 따라 빛이 공간 속을 이동하는 에너지 미립자로 구성되어 있다고 주장했다. 플랑크의 가

---

* Philipp Lenard(1862~1947). 헝가리 출신 독일 물리학자. 음극선의 연구로 1905년 노벨물리학상을 수상했다.

정을 적용하면, 빛의 미립자 하나는 빛의 진동수에 플랑크 상수를 곱한 것과 동일한 에너지를 가진다.

다른 하나의 문제는 고체의 비열에 대한 것이다. 고전 물리의 이론으로 계산한 비열은 고온에서는 관찰 결과와 일치하지만 저온에서는 맞아떨어지지 않았다. 이번에도 아인슈타인은 고체 속의 개별 원자가 독립적으로 단진동을 한다고 가정하고, 여기에 양자 가설을 적용하면 이런 현상을 이해할 수 있음을 증명해 보였다. 이 두 가지 증명은 매우 중요한 진보로 이어졌는데, 이를 통해 플랑크의 행동 양자, 즉 플랑크 상수의 존재가 열복사와 직접적 관계가 없는 다양한 현상을 통해 입증되었기 때문이다. 이는 또한 아인슈타인의 새로운 가설이 얼마나 혁명적인 성격을 가지는지도 드러내 보였는데, 도입부터 기존의 파동 이론과는 완전히 다른 빛의 성질을 이끌어냈기 때문이다. 빛은 맥스웰의 이론에 따라 전자기파로 이루어져 있다고 간주하거나, 아니면 고속으로 공간을 날아다니는 에너지 단위인 광입자의 형태로 해석해야 한다. 그러나 양쪽 모두일 수는 없을까? 물론 아인슈타인은 회절과 간섭 현상은 잘 알려진 대로 오직 파동 이론으로밖에 설명할 수 없음을 알고 있었다. 그는 파동과 광입자라는 두 가지 이론이 가지는 완전한 모순을 해결할 수 없었으며, 심지어 이런 해석의 불일치를 제거하려 시도하지도 않았다. 이런 모순을 그저 먼 미래에나 이해 가능한 것으로 간주하고 넘어갔을 뿐이었다.

그러는 동안 베크렐, 퀴리, 러더퍼드의 실험에 의해 원자의 구조가 어느 정도 명확하게 밝혀졌다. 1911년 러더포드는 물체를 투과하는 알파선을 해석하여 유명한 원자 모형을 만들어 냈다. 이 모형에서 원자는 양전하를 띠고 있으며 원자의 무게 대부분을 차지하는 원자핵과, 태양의 주변을 도는 행성처럼 원자핵 주변을 도는 전자들로 구성되어 있는 것으로 그려졌다. 서로 다른 원소의 원자들 사이에 일어나는 화학적 결합은 외곽의 전자들끼리 교류하여 일어나는 것으로, 원자핵과는 직접적인 관련이 없다. 원자핵의 양전하가 원자의 화학적 성질을 결정하며, 특정 개수의 전자를 끌어들여 원자를 중성으로 만든다. 이런 원자 모형은 처음에는 원자의 가장 중요한 성질, 즉 놀라운 안정성을 설명하지 못했다. 뉴턴 역학을 따르는 항성계에서, 한 천체가 다른 천체와 충돌하면 그 항성계는 무슨 일이 있어도 원래 구조로 돌아가지 못한다. 그러나 원자는, 이를테면 탄소 원자는 다른 원자와 충돌하거나 화학 결합에 영향을 받더라도 그대로 탄소 원자의 형태를 유지한다.

1913년, 보어가 플랑크의 양자 가설을 적용해서 이런 비범한 안정성을 설명해 냈다. 만약 원자의 에너지 준위가 개별 에너지 입자에 의해서만 바뀔 수 있다면, 원자는 극도의 정상 상태stationary state에서만 존재할 수 있으며, 그런 가장 낮은 준위가 바로 원자의 정상 상태normal state인 것이다. 따라서 어떤 식으로든 상호 작용을 마친 원자는 결국에는 정상 상태까지 에너지 준위가 떨어지게 된다.

이렇게 원자 모형에 양자 가설을 적용해서, 보어는 원자의 안정성뿐 아니라 원자가 전기나 열을 받아 활성화되었을 때 방출하는 선스펙트럼의 단순한 사례 또한 해석해 내는 데 성공했다. 그의 이론은 양자 상태에서 전자의 운동을 여러 고전 역학의 조합을 통해 서술했는데, 이는 안정 상태의 개별 계의 상태를 고전 역학을 통해 고려할 수밖에 없게 만들었다. 이후 조머펠트가 이런 고전 역학의 특정 조건을 정리했다. 보어는 양자 가설의 도입이 뉴턴 역학의 일관성에 손상을 입힐 수 있다는 사실을 잘 알고 있었다. 구조가 단순한 수소 원자의 경우에는 보어의 이론을 이용해서 원자가 방출하는 빛의 파장을 계산할 수 있고, 이 결과는 완벽하게 관찰 결과와 일치했다. 그러나 이 파장은 원자핵 주변을 도는 전자의 파장과는 달랐기 때문에, 이 이론에 아직 온갖 모순이 가득함은 명백해 보였다. 그러나 이 안에는 진실에 이르는 중요한 단서가 숨어 있었다. 보어는 원자의 화학적 성질과 선스펙트럼을 정성적으로 설명해 냈으며, 원자의 정상 상태가 이산된다는 사실은 프랑크와 헤르츠, 슈테른과 게를라흐의 실험*에 의해 확인되었다.

보어의 이론은 새로운 연구의 지평을 열었다. 수십 년 동안 모인 막대한 양의 분광 사진 자료가 이제 원자 속에서 전자의 움직임을 결정하는 정체불명의 양자 법칙을 찾아내기 위해 동원된 것이다. 수많은 화학 실험도 같은 목적에 동원할 수 있었다. 물리학자들이 올바른 질문을 던지기 시작한 것이 바로 이 시점부터였다. 그리고 올바른 질문을 던지는 일은 종종 문제의 해결에서 절반 이상의 비중을 차지한다.

그 올바른 질문이란 무엇이었을까? 사실 이 현상과 관련된 모든 중요한 질문은 결국 여러 실험 결과들 사이에서 발생하는 기묘한 모순에 관한 것이었다. 간섭무늬를 만드는, 즉 파동의 성질을 지니는 빛의 복사가, 어떻게 움직이는 입자로 구성되어 있는 것처럼 광전효과를 일으킬 수 있단 말인가? 전자의 궤도 운동에서 관측되는 파장이 원자에서 방출되는 복사의 파장과 다른 이유는 무엇인가? 궤도 운동 자체가 존재하지 않는다는 뜻일까? 하지만 궤도 운동이라는 개념이 잘못된 것이라면, 원자 내부의 전자는 어떻게 되는가? 안개상자** 속을 움직

---

* 프랑크와 헤르츠는 전자와 기체 원자를 충돌시켜 변화한 에너지를 측정하는 실험으로, 슈테른과 게를라흐는 자기장을 띤 공간에 입자를 통과시켜 경로를 확인하는 실험으로 각운동량의 이산성을 보여 보어의 가설을 확인했다.

** 과포화 상태인 수증기나 에탄올 기체 속에 입자를 통과시켜, 그 경로에서 이온화되어 응축된 흔적을 따라 입자의 궤적을 연속적으로 관찰할 수 있도록 만든 실험 도구.

이는 전자는 명확히 관찰할 수 있으며, 때론 원자에 의해 튕겨 나가기도 한다. 원자 속에서 전자가 이동하지 않으리란 법이 있는가? 사실 가장 낮은 에너지 준위, 즉 원자의 정상 상태에 서는 전자가 정지해 있을지도 모른다. 그러나 그보다 높은 에 너지 준위는 수도 없이 존재하며, 그 경우에 전자껍질은 명확한 각운동량angular momentum을 가진다. 그런 상황에서 전자가 정지 상태일 리는 없다. 원자 단위의 사건을 서술하려 시도하면 할수록, 물리학의 고전 용어는 계속해서 모순에 부딪치게 되었다.

1920년대 초반에 들어서자, 물리학자들은 이런 난점에 천천히 익숙해지기 시작했다. 모든 이들이 문제가 발생할 지점을 어림짐작하고 모순을 회피하는 법을 익혔다. 그들은 특정 실험의 논의 안에서 어떤 양자 단위의 사건이 기술 가능한지를 알고 있었다. 물론 양자론의 세계에서 일어나는 현상을 보편적으로 그려내기에는 부족했지만, 이런 방식을 이용하면 양자론의 주요 개념을 일정 한도까지는 이해할 수 있는 것이다. 따라서 일관적이고 보편적인 양자론이 성립되기 전부터, 물리학자들은 개별 실험의 결과를 통해 그 내용을 어느 정도 짐작하고 있었던 셈이다.

논의에 종종 등장하는 개념 중에서 사고실험이라는 것이 있다. 이는 실제로 실연 불가능하지만 필수적인 시험에 대한 답을 얻기 위해 고안하는 가상의 실험이다. 물론 원칙적으로는 반드시 실제로 실험을 수행해야겠지만, 때로는 실연에 극도로 복잡한 기술이 필요할 때가 있다. 그런 이상적 실험의 결과에 대해 물리학자들 사이에서 의견이 갈릴 경우, 비슷하지만 보다 단순한 실험을 수행하는 일도 가능하다. 이런 가상의 실험에서 도출한 결과는 양자론의 정립에 필수적인 역할을 수행했다.

그 시기의 괴상한 실험들은 양자론의 모순을 해결하는 것이 아니라 훨씬 독특하고 흥미롭게 보이도록 만들기만 했다. 예를 들자면 콤프턴이 수행한 X선 산란 실험이 있다. 산란된 빛의 간섭을 다루는 예전의 실험을 살펴보면, 산란 현상은 다음과 같은 식으로 일어난다고 모두가 확신하고 있었다. 입사된 빛은 물질의 전자를 자신의 파장을 따라 진동하게 만들며, 이렇게 진동하는 전자는 동일한 진동수로 구면파를 발산하여 빛의 산란 현상을 일으킨다. 그러나 1923년 콤프턴이 밝혀낸 바에 의하면, 산란된 X선의 파장은 입사한 X선의 파장과 달랐다. 이런 파장의 변화는 산란을 빛의 양자가 전자와 충돌하는 현상으로 이해하면 제대로 설명할 수가 있었다. 충돌하는 과정에서 광입자의 에너지가 바뀌는 것이다. 그렇다면 진동수에 플랑크 상수를 곱한 값이 광입자의 에너지가 되기 때문에, 진동수 및 파장 또한 변한다는 말이 된다. 하지만 빛의 파동을 이런 식으로 해석할 수가 있단 말인가? 두 가지 실험 — 산란된 빛의 간섭에 대한 실험과 산란된 빛의 파장 변화에 대한 실험 — 은 도저히 절충할 수 없는 모순을 보여주는 것만 같다.

이 시기가 되자 많은 물리학자들은 이런 외면적 모순이 원자의 근본적인 구조 때문에 생기는 것이라고 확신하기 시작했다. 그리하여 1924년이 되자, 프랑스의 드브로이는 파동성과 입자성이라는 두 가지 성질을 물질의 기본 구성 입자, 특히 전자에까지 확장하려는 시도를 시작했다. 그는 광파가 움직이는 광입자에 '대응'하는 것처럼, 특정 물질파가 움직이는 전자에 대응한다는 사실을 입증했다. 물론 당시에는 이런 식으로 사용한 '대응'이라는 단어가 어떤 의미를 가지는지가 명확하게 밝혀지지 않았다. 그러나 드브로이는 보어 이론의 양자조건을 물질파에 대한 진술로 해석해야 한다고 제안했다. 원자핵 주변을 도는 파동은 구조적인 이유 때문에 정상파일 수밖에 없다. 그리고 그 궤도 둘레의 길이는 파장의 배수인 정수일 수밖에 없는 것이다. 어떻게 보면 드브로이의 착상은 전자의 역학에서 항상 이질분자였던 양자조건을 파동과 입자라는 빛의 이원성과 연결시켰다고 볼 수 있을 것이다.

보어의 이론에서 전자의 각운동 진동수를 계산한 결과가 복사 파장의 진동수와 일치하지 않는다는 현상은, 결국 전자 궤도라는 개념에 한계가 있다고밖에 해석할 수 없었다. 이 개념은 애초부터 미심쩍은 구석이 있었다. 그러나 더 큰 궤도를 그리는 전자는 안개상자에서 운동을 관찰할 때처럼 원자핵에서 멀리 떨어진 채로 운동해야 한다. 이런 경우에는 전자의 궤도가 가지는 성질을 말할 수 있다. 따라서 이런 높은 궤도에서 발산된 진동수가 각운동 진동수와 그 배수의 파동에 근접한다는 것은 고무적인 결과였다. 또한 보어는 초기 논문에서부터 원자가 발산한 스펙트럼선의 강도가 그에 대응하는 배수의 파동의 강도에 근접할 것이라 제안해 왔다. 이러한 대응 법칙은 스펙트럼선의 대략적인 강도를 계산할 때 상당히 유용했다. 이런 식으로 생각하면 보어의 이론은 원자 내부에서 일어나는 일을 정량적이 아니라 정성적으로 묘사하는 것이라는 인상을 받게 된다. 물질의 행동에 있어 정성적인 조건을 가지는 새로운 성질이 나타난 것이며, 그 조건은 파동과 입자의 이중성과 연관이 있다고 간주된다.

양자론의 엄밀한 수학적 체계화는 두 가지 서로 다른 진보의 결과를 통해 이루어졌다. 하나는 보어의 대응 원리로부터 시작한 진보였다. 전자 궤도라는 개념은 결국 포기하게 되었지만, 양자의 수가 많은 경우, 즉 궤도가 큰 경우에는 이 개념을 사용할 수밖에 없었다. 이런 경우에는 방출되는 복사의 진동수와 세기를 통해 전자 궤도를 그려낼 수 있으며, 이 궤도에서는 수학자들이 푸리에 전개라고 부르는 값을 도출하는 일이 가능하다. 여기서 수학 법칙을 정리할 때, 전자의 위치와 속도에 대한 방정식이 아니라 푸리에 전개에서 진동수와 진폭에 대한 방정식으로 정리해야 한다는 착상이 떠오르게 된 것이다. 이렇게 식을 정리하면 거의 변환시키지 않고도 방출되는 복사의 진동수와 강도에 대응하는 특성을, 심지어 궤도가 작을 경우나 기저 상태의 원자에서도 구할 수 있을 것이다. 충분히 실행 가능해 보이는 계획이었고, 1925년 여름에는 행렬 역학, 또는 보다 널리 알려진 이름인 양자역학이라는 수학 형식의 형태로 완성되었다. 뉴턴 역학의 운동 방정식의 자리를 여러 행렬 사이에 작용하는 비슷한 방정식들이 차지했다. 뉴턴 역학의 결과로 생각했던 여러 현상, 예를 들어 에너지 보존 현상 등을 이 새로운 이론에서도 유도할 수 있다는 사실을 확인하니 정말 이상한 기분이 들었다. 이후 보른, 요르단, 디랙의 연구는 전자의 위치와 운동량을 나타내는 행렬들이 서로 대응되지 않는다는 사실을 증명했다. 이는 양자역학과 고전 역학의 근본적인 차이점을 명확하게 보여주는 일이었다.

다른 방향의 진보는 드브로이의 물질파 개념에서 시작되었다. 슈뢰딩거는 드브로이의 정상파가 원자핵 주변에서 보이는 행동을 파동 방정식으로 나타내고자 했다. 1926년 초에 그는 정상 상태에서의 수소 원자의 에너지 값을 유도하는 일에 성공하고, 이를 자신의 파동 방정식의 '고유값eigenvalue'으로 지정해서 특정 고전 운동 방정식을 다차원에 대응하는 파동 방정식으로 변환하는 보다 일반적인 법칙을 발견해 냈다. 이후 그는 이런 파동 방정식의 형식을 통해 먼저 발견된 양자역학의 형식을 사용했을 때와 동일한 결과를 도출할 수 있음을 입증해 보였다.

이렇게 해서 마침내 일관성을 가지는 수학 형식이 정립되었으며, 이는 행렬 이론과 물질파라는 두 가지 해법을 통해 정의할 수 있었다. 이 형식은 수소 원자의 정확한 에너지 값을 구할 수 있었고, 1년도 되지 않아 헬륨 원자나 좀 더 복잡하고 무거운 원자의 경우에도 훌륭하게 적용된다는 사실이 확인되었다. 하지만 이 새로운 형식이 묘사하는 원자는 어떤 모습일까? 파동의 모습과 입자의 모습이라는 이중성의 역설은 아직도 해결되지 않았다. 해답이 아직도 수학 공식 속 어딘가에 숨어 있는 것이다.

1924년 보어, 크라머스, 슬레이터는 양자론을 온전히 이해하기 위한 매우 흥미로운 첫 단계를 개척했다. 이들은 논문을 통해 파동과 입자의 성질이 보이는 모순점을 확률파동이라는 개념을 통해 해결하고자 했다. 전자기파를 '실제' 파동이 아니라 확률파동으로 해석하고, 그 강도를 원자가 특정 지점에서 광자를 흡수(또는 유도 방출)할 확률로 계산하는 것이다. 이런 착상을 통해 그들은 에너지와 운동량 보전의 법칙이 단 하나의 사건만을 놓고 볼 때는 성립할 필요가 없으며, 통계적 평균을 계산할 때에만 성립하는 통계적 법칙이라는 결론에 이르렀다. 그러나 이 결론은 옳은 것이 아니었고, 복사의 파동성과 입자성 사이의 관계는 더욱 복잡해지기만 했다.

그러나 보어, 크라머스, 슬레이터의 논문은 양자론을 제대로 이해하는 데 필수적인 특성 하나를 밝혀냈다. 확률파동이라는 개념은 뉴턴이 이론물리학을 정립한 이후 처음으로 생겨난 완벽하게 새로운 개념이었다. 수학이나 통계역학에서 확률을 언급하는 행위는 실제 상황에 대한 지식 부족을 선언하는 것이나 다름없다. 주사위를 던질 때 손의 세세한 움직임이 어떤 식으로 주사위의 낙하에 영향을 끼치는지를 알지 못하기 때문에, 결국 특정 숫자가 나올 확률이 6분의 1이라고 말해 버리는 것이다. 그러나 보어, 크라머스, 슬레이터의 확률파동은 그 이상의 의미를 가진다. 이들의 통계는 어떤 일이 일어나는 경향성을 의미하는 것이다. 아리스토텔레스 철학의 '가능태potentia'라는 오래된 개념에 정량적인 정의를 덧붙인 셈이다. 이는 실제 사건과 사건의 개념 사이에 중간 지대를 만들어서, 가능성과 현실 사이에 기묘한 물리학적 현실을 성립시킨 것이다.

훗날 양자론의 수학적 뼈대가 확립되자, 보른은 확률파동에 수학적 정량화를 통해 명확한 개념을 정립했고, 이를 통해 확률파동을 해석할 수 있게 되었다. 확률파동은 탄성파나 전자파와 같은 3차원 파동이 아니라 다차원 좌표 공간에서 존재하는 파동이기 때문에, 상당히 추상적인 수학 형식을 가진다.

이런 여러 가지 발전에도 불구하고, 1926년 여름까지 수학 체계를 모든 종류의 실험 상황에 적용해서 기술할 수는 없었다. 원자의 정상 상태를 기술할 수는 있어도, 훨씬 단순한 사건, 예를 들면 안개상자 속을 이동하는 전자를 기술할 방법은 모르는 상태였던 것이다.

슈뢰딩거는 그해 여름에 자신이 정립한 파동역학이 양자역학과 수학적으로 동등하다는 사실을 증명하고 나서, 한동안 양자와 '양자 도약'이라는 개념을 완전히 폐기하고 원자 내부의 전자를 3차원 물질파로 대체하려는 시도에 매진했다. 그 시도에서 얻어낸 결과, 즉 그의 이론에서 수소 원자의 에너지 준위가 정상 물질파의 기준 진동수와 일치한다는 단순한 사실이 그에게 영감을 주었다. 에너지를 에너지라고 부른 것부터가 실수였으며, 그저 진동수로만 간주하면 된다는 것이었다. 그러나 1926년 가을 코펜하겐에서 슈뢰딩거와 보어 및 코펜하겐에 모인 다른 물리학자들이 참여한 토론에서, 이런 해석은 플랑크의 열복사 방정식을 설명하는 것조차 힘들다는 사실이 밝혀졌다.

이후 몇 달 동안 코펜하겐에서는 양자론의 해석에 연관된 온갖 문제에 대한 치열한 연구가 이어졌고, 그 결과 마침내 여러 물리학자들이 보기에 만족스럽고 온전한 해석이 정립되었다. 그러나 이 해석은 쉽사리 받아들이기 힘든 것이기도 했다. 밤늦은 시간까지 보어와 함께 몇 시간에 걸쳐 토론을 하다가, 거의 좌절에 빠진 채 끝냈던 기억이 난다. 토론이 끝난 후, 나는 근처 공원을 거닐며 한 가지 질문을 계속해서 되뇌었다. 자연계가 우리가 파악하는 원자의 모습처럼 불합리할 수 있는 것일까?

우리는 두 가지 다른 방법으로 최종 해결책에 접근했다. 하나는 문제를 회피해 돌아가는 방법이었다. 실험에서 나타난 상황을 어떻게 수학 체계로 정립할 것인가, 라는 질문 대신 우리는 다른 질문을 던졌다. 이런 실험 상황이 지금 우리가 수학 체계로 정립하여 표현할 수 있는 형태로만 자연계에 존재하는 것은 아닐까? 이렇게 가정을 바꾸자 뉴턴 이후 고전 물리학의 근간을 유지하던 개념이 가지는 한계가 모습을 드러냈다. 전자의 위치와 속도를 각각 논의하고, 그 양을 관측하고 측정하는 것은 뉴턴 역학의 방법론대로 가능하다. 그러나 같은 순간에 두 가지 성질을 충분히 정확하게 측정하는 일은 불가능한 것이다. 사실 두 성질이 가지는 불일치는 플랑크 상수를 입자의 질량으로 나눈 값 이상으로 나왔다. 다른 실험에서도 비슷한 연관성을 도출할 수 있었다. 이는 흔히 불확실 연관 또는 불확정성원리라고 불린다. 우리는 마침내 과거의 개념이 자연에 들어맞는 모습이 부정확했다는 사실을 깨닫게 된 것이다.

다른 접근 방법은 보어의 상보성 개념을 통한 것이었다. 슈뢰딩거는 원자를 핵과 전자로 구성된 계가 아니라 핵과 물질파로 구성된 계로 묘사했다. 이런 물질파 구조에도 분명 일말의 진실이 담겨 있다. 보어는 입자 구조와 파동 구조라는 두 가지 구조가 동일한 현실을 묘사하는 상보적인 관계라고 제안했다. 양쪽 모두 부분적으로만 옳으며 한계를 가지며, 그렇게 간주하지 않으면 모순을 피할 수 없다는 것이었다. 불확정성원리를 통해 표현할 수 있는 이런 한계를 염두에 두고 있으면 모순은 사라진다.

이런 방법을 통해 1927년 봄에 양자론의 일관된 해석 방법이 정립되었는데, 이는 종종 '코펜하겐 해석'이라 불린다. 이 해석은 1927년 가을 브뤼셀의 솔베이 회의에서 시험대에 올랐다. 가장 끔찍한 역설을 낳은 여러 실험들이 모든 관점에서 면밀하게 재검토를 거쳤고, 다른 누구보다 아인슈타인이 그 일에 매진했다. 이론에 존재하는 비일관성을 확인하기 위한 새로운 사고실험이 여럿 고안되었지만, 이 이론은 일관성을 유지하였고 모두가 보기에 실험 결과를 설명할 수 있는 것으로 보였다.

코펜하겐 해석의 자세한 내용이 다음 장의 주제가 될 것이다. 이 시점에서 에너지 양자의 존재라는 개념이 창안된 이후 양자에 대한 법칙이 정립되고 제대로 이해하기까지 사반세기 이상의 시간이 걸렸다는 사실을 다시 한 번 강조해야겠다. 이로부터 새로운 상황을 이해하기 위해 현실을 해석하는 기본 개념에 얼마나 변형을 가해야 했는지를 가늠할 수 있을 것이다.

3.
양자론의 코펜하겐 해석

양자론의 코펜하겐 해석은 역설에서 시작한다. 물리학의 모든 실험은, 일상생활의 현상이든 원자 수준의 사건이든, 모든 사건은 고전 물리학을 이용해 서술해야 한다. 모든 과학자는 고전 물리학의 개념으로 구성된 언어를 이용해 실험을 설계하고 결과를 서술한다. 여기서 고전 물리학의 개념은 다른 것으로 대체할 수 없고, 대체해서도 안 되는 것이다. 그러나 이런 개념의 적용은 불확정성원리에 의해 제약을 받는다. 따라서 고전적인 개념을 사용할 때는 그 적용 범위에 한도가 있다는 점을 항상 기억해야 하지만, 사용하는 개념 자체를 발전시키는 것은 불가능하며 애초에 시도해서는 안 되는 일이다.

이런 역설을 더 자세히 이해하려면 실험을 이론적으로 해석하는 절차가 고전 물리학과 양자론에서 각각 어떻게 다른지를 살펴보아야 한다. 뉴턴 역학의 경우에는, 이를테면 우리가 연구할 행성의 위치와 속도를 측정하는 식으로 시작할 수 있다. 이렇게 얻어낸 관찰 결과에서 행성의 좌표값과 운동량을 유도해 내면 결과를 수학으로 변환할 수 있다. 다음에는 운동 방정식을 적용하여 관찰 시간의 좌표와 운동량값으로부터 이후 시간의 좌표와 계의 여러 특성을 유도해 낸다. 이런 식으로 천문학자는 계가 훗날 어떤 특성을 가지게 될지를, 이를테면 월식이 일어나는 정확한 시각 등을 예측할 수 있다.

양자론의 절차는 약간 다르다. 예를 들어, 안개상자 속에서 전자의 움직임에 관심을 가지고, 특정한 관찰 방식을 통해 전자의 초기 위치와 속도를 판별할 수 있다고 하자. 그러나 이 판별 결과는 정확할 수가 없다. 적어도 불확정성원리에 의한 부정확한 요소와, 힘겨운 실험 때문에 발생하는 오차가 존재하게 된다. 여기서 불확정성원리에 따른 부정확한 요소 덕분에 우리는 관찰 결과를 양자론의 수학 공식 형태로 변환할 수 있다. 측정을 행한 순간의 실험 상황을 확률함수를 통해 표현하는 것인데, 여기에는 심지어 측정에서 유발될 수 있는 오차 또한 포함된다.

여기서 사용된 확률함수에는 두 가지 요소가 섞여 있는데, 하나는 사실이고, 다른 하나는 사실에 대한 우리의 지식이다. 만약 초기 상태에서 초기 시점에 대한 확률을 완벽하게 배정할 수 있다면 이는 사실로 간주할 수 있다. 이를테면 관찰된 위치에서 관찰된 속도로 이동하고 있는 전자 같은 것이다. 여기서 '관찰된'이란 실험 자체의 정확도의 범주 안에서 관찰된 결과를 말한다. 즉 다른 관찰자가 전자의 위치를 보다 정확하게 관찰할 수 있을지도 모른다는 지식을 의미하는 것이다. 따라서 실험 내에서 발생하는 오차는, 적어도 어느 정도까지는, 전자의 성질이 아니라 전자에 대한 지식 부족을 의미한다. 이런 지식의 부족 또한 확률함수 내에 포함된다.

고전 물리학에서 우리는 치밀한 조사를 하며 동시에 관찰 결과의 오차까지 염두에 두어야 한다. 그 결과로 우리는 초기의 좌표와 속도값의 확률적인 분포 상황을 얻게 되며, 이는 결국 양자역학의 확률함수와 상당히 유사하다. 고전 역학에서 부족한 것은 불확정성원리에 따른 불확정성뿐이다.

초기 시점의 관찰을 통해 양자론의 확률함수를 특정하고 나면, 우리는 이제 양자론의 법칙을 사용하여 이후 시간의 확률함수를 계산하고, 그에 따라 특정 측정값을 결과로 내놓을 확률을 구할 수 있다. 예를 들어 안개상자 안의 특정 지점에서 전자를 발견할 확률을 예측할 수 있는 것이다. 그러나 이런 확률함수가 그 자체만으로 특정 시간대의 특정 사건의 발생을 의미하지는 않는다는 점을 강조해 두어야 할 것이다. 확률함수는 오직 사건이 일어날 경향성과 그 사건에 대해 알고 있는 지식을 나타낼 뿐이다. 확률함수는 한 가지 필수적인 조건이 만족될 때에만 현실과 연결된다. 계 내부의 특정 성질을 확정할 수 있는 새로운 측정이 이루어져야 하는 것이다. 그런 다음에야 확률함수는 새로운 측정 결과의 확률을 계산할 수 있게 해준다. 그리고 이 측정 결과는 고전 역학의 언어로 다시 표현되어야 한다.

따라서 실험의 이론적 해석에는 세 가지의 독자적인 단계가 필요하다. (1) 초기 실험 상황을 확률함수로 변환하는 단계. (2) 이 함수를 시간의 경과에 따라 추적하는 단계. (3) 새로운 측정을 수행하여 계를 정의하는 단계. 그런 다음에야 확률함수를 통해 측정의 결과를 계산해 낼 수 있다. 첫 단계를 수행하기 위해서는 불확정성원리를 정립하는 일이 필수적이다. 두 번째 단계는 고전 물리의 개념으로는 표현할 수 없다. 초기 관찰과 다음번 측정 사이에 계 안에서 무슨 일이 벌어지는지는 아무도 알 수 없는 것이다. '가능성'에서 '현실'로 돌아오려면 결국 세 번째 단계에 도달할 때까지 기다려야 한다.

이런 세 가지 단계를 간단한 사고실험을 통해 자세히 살펴보자. 원자는 핵과 그 주변을 도는 전자들로 이루어져 있다고 알려져 왔다. 또한 전자 궤도라는 개념이 미심쩍다는 주장 또한 존재한다. 여기서 적어도 원칙적으로는 전자가 궤도를 도는 모습을 관찰할 수 있어야 한다는 주장을 제기할 수 있을지도 모른다. 즉, 배율이 극도로 높은 현미경을 사용해서 원자를 살펴보기만 하면, 전자가 궤도를 도는 모습을 관찰할 수 있어야 한다는 것이다. 평범한 빛을 사용하는 현미경으로는 이런 엄청난 배율을 확보할 수 없는데, 전자의 위치를 측정할 때의 오차 값은 사용하는 빛의 파장보다 작을 수 없기 때문이다. 하지만 원자의 크기보다 파장이 짧은 감마선을 사용하는 현미경이라면 가능할 수도 있을 것이다. 아직 이런 현미경은 만들어지지 않았지만, 그렇다고 굳이 사고실험의 논의에서 배제할 필요는 없을 것이다.

첫 단계로 들어가서, 관찰 결과를 확률함수로 바꾸는 일이 가능한가? 관찰 후에 불확정성원리의 조건을 맞출 수 있어야만 가능할 것이다. 전자의 위치는 감마선의 파장에 따른 정확도의 범주 내에서만 파악이 가능하다. 관찰 전에는 전자가 실제로 정지 상태였을 수도 있다. 그러나 관찰이라는 행동을 수행하려면 감마선의 광입자 중 최소한 하나가 원자와 충돌하고 튕겨 나와서 현미경 속으로 들어가야만 한다. 따라서 이 광입자는 전자를 밀친 셈이며, 이런 변화에 따른 불확정성이 불확정성원리가 적용되기에 충분할 정도로 컸다고 할 수 있을 것이다. 따라서 첫 번째 단계에서는 아무런 문제도 발생하지 않는다.

동시에 원자핵 주변을 도는 전자의 궤도를 관찰할 방법이 없다는 사실도 쉽사리 이해할 수 있다. 두 번째 단계에서 우리가 관찰하는 것은 원자핵 주위를 도는 전자가 아니라 원자에서 떨어져 나오는 국지적인 파동이다. 처음의 광입자가 원자에서 전자를 튕겨냈기 때문이다. 감마선의 파장이 원자의 크기보다 훨씬 작았다면, 감마선 광입자의 각운동량은 전자의 기존 각운동량보다 훨씬 클 수밖에 없다. 따라서 처음의 광입자만으로도 전자를 원자에서 떨구어 내기에는 충분하며, 궤도상의 전자는 단 한 지점에서밖에 관찰할 수가 없다. 따라서 일반적인 기준으로 말하자면 궤도가 존재하지 않는다고밖에 할 수 없는 것이다. 다음 관찰, 즉 세 번째 단계는 원자에서 떨어져 나오는 전자의 궤적을 보여준다. 사실 이 두 번의 연속적인 관찰 사이에 무슨 일이 벌어졌는지를 서술할 일반적인 방법은 존재하지 않는다. 물론 전자가 두 개의 관찰된 지점 사이 어딘가에 존재했으며 따라서 특정 경로 또는 궤도를 따르고 있었으리라 가정하고 싶은 유혹은, 경로를 확정할 수 있는 방법이 없는 상태에서도 상당히 매력적이다. 물론 고전 물리학의 경우라면 이런 가정은 충분히 설득력을 지녔을 것이다. 그러나 양자론에서는 나중에 살펴보게 될 것처럼, 정당하지 못할 뿐 아니라 용어를 잘못 사용한 셈이 된다. 지금 당장은 이해는 잠시 접어 두고, 원자 단위의 사건이나 사건에 대한 명제를 기술할 때 필요한 주의 사항으로 여기면 될 것이다. 이는 용어의 인식론적 이해와 존재론적 이해 양쪽 모두에 적용된다. 어느 경우든 원자 속 입자들의 행동을 서술할 때는 사용하는 용어에 상당히 주의를 기울여야 한다.

사실 애초에 입자를 이용할 필요 자체가 없기는 하다. 물질 파에 입각한 설명을 하는 편이, 이를테면 원자핵 주변을 도는 정상 물질파의 형태로 설명하는 편이 훨씬 편한 실험이 상당히 많은 것이다. 이런 기술은 불확정성원리의 제약에 주의를 기울이지 않으면 다른 방식의 기술과 완벽하게 모순되는 것으로 보인다. 그러나 제약을 이용하면 모순을 피할 수 있다. 예를 들어, 원자가 방출하는 복사를 다룰 때는 '물질파'라는 개념을 사용하는 쪽이 편리하다. 복사의 진동수와 세기를 살펴보면 원자 내부의 전하 분배의 변화에 대한 정보를 얻을 수 있고, 이 경우에는 입자를 이용한 기술보다 파동을 이용한 기술 쪽이 진실에 훨씬 가까운 모습을 제공한다. 그 때문에 보어는 양쪽 서술을 모두 사용할 것을 제안하며, 이 두 가지 개념이 서로에 대해 '상보적'이라 불렀다. 두 가지 묘사는 물론 완벽하게 배타적인데, 한 가지 물질이 동시에 입자(즉, 매우 작은 부피를 가지는 물질)이자 파동(즉, 넓은 공간에 퍼져 있는 역장)일 수는 없기 때문이다. 그러나 이 두 가지 관점은 서로를 보완하는 관계다. 양쪽 서술을 모두 사용해야만, 즉 상황에 따라 한쪽에서 다른 쪽으로 옮겨 다녀야만, 우리는 원자 단위의 기묘한 세계가 실제로 어떤 모습인지를 제대로 파악할 수 있다. 보어는 양자론을 해석할 때 이런 '상보성'이라는 개념을 여러 곳에서 사용한다. 입자의 위치에 대한 지식은 그 속도나 각운동량에 대한 지식과 상보적이다. 만약 한쪽을 높은 정확도로 파악할 수 있다면 다른 쪽을 높은 정확도로 파악하는 일은 불가능하다. 그러나 계의 성질을 알기 위해서는 양쪽 모두를 알아야만 한다. 원자 단위의 사건에서 시공간을 기술하는 일은 그 사건 자체의 결과를 예측하는 일과 상보적이다. 뉴턴 역학에서 좌표계가 그랬듯이, 확률함수 또한 특정 운동 방정식을 따른다. 시간 경과에 따른 확률함수의 변화는 완벽하게 양자역학 방정식에 의해 결정되지만, 시공간에 따른 서술은 불가능하다. 반면 관측은 시공간에 따른 서술을 가능하게 해 주지만, 계에 대한 지식을 변화시켜 확률함수의 결정된 연속성을 파괴해 버리고 만다.

일반적으로 하나의 현실을 두 가지 다른 방식으로 기술하는 양가성은 크게 문제가 되지 않는다. 이론을 수학으로 서술하기만 하면 모순의 발생을 차단할 수 있기 때문이다. 수학 체계가 가지는 유연성 덕분에 상보성을 가지는 두 가지 표현의 — 즉, 파동과 입자의 — 양립이 가능해진다. 여기서 수학적 기술은 뉴턴 역학에서 입자의 좌표와 운동을 서술하는 운동 방정식과 유사한 형태를 가진다. 그러나 간단한 변환을 통해 이를 일반적인 3차원 물질파에서 파동 방정식의 형태를 가지도록 다시 쓰는 것이 가능하다. 따라서 상보적인 두 가지 기술을 이용하는 일은 수학에서 다른 변환 공식을 사용하는 일과 비교할 수 있을지도 모른다. 양자론의 코펜하겐 해석에 있어 이는 아무런 문제도 불러일으키지 않는다.

그러나 코펜하겐 해석을 이해할 때의 진정한 어려움은 다음의 유명한 질문으로 표현할 수 있다. "그렇다면 원자 수준의 사건에서 '실제로는' 무슨 일이 벌어지는 것인가?" 앞에서 관찰의 방법과 결과는 항상 고전 개념의 용어를 사용해 기술해야 한다고 말한 바 있다. 그러나 이 경우 관찰로 얻어낸 결과는 확률함수, 즉 우리가 아는 사실에 대한 가능성 또는 경향성에 대한 수학적 표현일 뿐이다. 따라서 우리는 관찰 결과를 완벽하게 객관화할 수 없으며, 이번 관찰과 다음 관찰 사이에 '어떤 일이 일어났는지'도 서술할 수 없다. 이는 마치 우리가 이론 안에 모종의 주관적 관점을 넣어서 다음과 같은 말을 하는 것처럼 보이게 만든다. '실제로 어떤 일이 벌어지는지는 우리가 어떤 식으로 관찰을 하는가에, 또는 우리가 관찰을 한다는 사실 그 자체에 달려 있다.' 여기서 주관적 관점의 문제를 논의하기 전에, 우선 두 번의 연속적인 관찰 사이에 벌어지는 일을 서술하는 작업이 왜 해결할 수 없는 난점에 직면하는지를 설명할 필요가 있을 것이다.

여기서는 다음과 같은 사고실험을 가정하고 논의하는 쪽이 편할 것이다. 아주 작은 단색광의 광원이 두 개의 작은 구멍이 뚫려 있는 검은 장막 쪽으로 빛을 방출하고 있다고 가정해 보자. 구멍의 지름은 단색광의 파장에 비해 그리 크지 않지만, 구멍 사이의 거리는 상당히 멀리 떨어져 있다. 장막 뒤편의 적당한 거리에 입사하는 빛을 받아들이는 감광판을 놓는다. 이 실험을 파동의 개념을 통해 서술한다면, 광원에서 출발한 빛이 두 개의 구멍을 뚫고 뒤편에 도달한다고 할 수 있을 것이다. 그렇다면 각각의 구멍을 기점으로 하는 두 개의 구면파가 발생해서 서로에게 간섭할 것이고, 그 간섭의 결과로 감광판 위에는 다양한 강도를 가지는 무늬가 그려진다.

감광판이 검게 변하는 현상은 양자 단위의 사건으로, 화학 작용을 일으키는 주체는 개별 광입자다. 따라서 이 실험을 광입자의 개념을 통해 서술하는 것도 가능할 것이다. 이 실험을 하나의 광입자가 광원에서 출발해 감광판에 흡수되기까지의 사건으로 기술하고자 한다면 다음과 같은 논의도 가능하다. 하나의 광입자는 양쪽 구멍 중 하나를 통과해야 한다. 만약 입자가 첫 번째 구멍을 통과해서 산란을 일으킨다면, 그 입자가 감광판의 특정 지점에 흡수될 확률은 두 번째 구멍이 열려 있는지의 여부에 영향을 받을 수 없다. 감광판 위의 확률분포는 첫 번째 구멍만 열려 있을 경우와 동일할 것이다. 만약 이 실험을 여러 번 반복해서 광입자가 첫 번째 구멍을 통과한 모든 경우를 고려한다면, 감광판의 변색 상태는 이 확률분포와 일치할 것이다. 만약 두 번째 구멍을 통과한 광입자만 고려한다면 두 번째 구멍만 열려 있다고 가정할 경우의 확률분포와 일치하는 변색 결과가 나올 것이다. 따라서 전체 변색 결과는 양쪽 경우의 확률분포의 합이 되어야 한다. 다른 말로 하자면, 간섭무늬가 나타나지 않아야 한다는 것이다. 그러나 우리는 이 가정이 사실이 아님을 알고 있다. 실제 실험에서는 간섭무늬가 나타나기 때문이다. 따라서 개별 광입자가 반드시 양쪽 구멍 중 하나를 통과해야 한다는 기술은 문제가 있으며 모순을 일으킨다고 할 수 있다. 이 예시는 확률함수라는 개념이 두 번의 관찰 사이에 벌어지는 일에 대한 기술을 허용하지 않는다는 사실을 명확히 보여준다. 기술을 시도한 결과 우리는 모순에 봉착했다. 따라서 '일어나는'이라는 용어는 관찰 자체에만 적용되도록 제한을 걸어야 하는 것이다.

결국 우리는 상당히 이상한 결론에 도달하게 되는데, 관찰이 사건의 결과에 결정적인 역할을 수행하며 현실이 우리의 관찰 여부에 따라 달라진다는 것이다. 이 점을 명확하게 판별하기 위해서는 관찰이라는 행동이 어떻게 일어나는지를 자세히 분석할 필요가 있다.

우선 자연과학의 관심사는 우리를 포함하는 우주 전체가 아니라는 사실을 반드시 기억해야 한다. 우리는 우주의 특정 부분에 관심을 가지고, 그 부분을 연구 대상으로 지정한다. 원자물리학에서 그 부분이란 보통 매우 작은 물체, 즉 원자라는 입자나 그 입자가 모여 만든 구조지만, 크기 자체가 중요한 것은 아니기에 상당히 큰 구조체도 포함될 수 있다. 중요한 것은 우리 자신을 포함한 우주의 많은 부분이 해당 연구의 대상에 속하지 않는다는 점이다.

이제 앞에서 설명한 두 가지 단계에 따라 실험의 이론적 해석을 시작할 차례다. 첫 번째 단계에서는 실험 방법과 처음 관찰을 고전 물리학의 용어로 기술하고 그 기술 내용을 확률함수로 변환한다. 이 확률함수는 양자론의 법칙을 따르며, 연속적인 시간 경과에 따라 초기 상태로부터 계산해 낼 수 있다. 이런 계산이 두 번째 단계가 된다. 확률함수에는 객관적인 요소와 주관적인 요소가 혼재되어 있다. 그 일부는 가능성이나 더 나은 쪽을 향하는 경향성(아리스토텔레스 철학에서 말하는 '가능태')과 관련된 기술이며, 이런 기술은 완벽하게 객관적이라 관찰자에 따라 변하지 않는다. 다른 일부는 계에 대해 알고 있는 지식과 관련된 기술이며, 이는 관찰자가 바뀌면 달라지는 요소이므로 당연히 주관적이다. 이상적인 경우라면 확률함수의 주관적 요소는 객관적인 경우에 비해 무시할 수 있는 정도일 것이다. 물리학자는 이 경우를 '단순 사건'으로 간주할 수 있다.

두 번째 관찰을 실시해서 이론에 의해 예측된 결과를 확인할 때가 오면, 실험 대상이 세계의 다른 부분, 즉 실험 기구나 측정 도구와 접촉하고 있는 상태라는 점을 잊지 말아야 한다. 실험을 하는 동안, 또는 적어도 측정을 하는 바로 그 순간에는 접촉을 할 수밖에 없다. 이는 곧 확률함수의 운동 방정식이 측정 도구와의 상호 작용의 영향을 포함해야 한다는 말이 된다. 이런 영향에서 새로운 불확정 요소가 도입되는데, 측정 도구는 고전 물리학의 용어로 기술 가능한 대상이기 때문이다. 이런 기술에는 우리가 열역학을 통해 알고 있는, 도구에 존재하는 미소 구조가 유발하는 모든 불확정 요인이 포함된다. 또한 도구 역시 세계의 다른 일부와 연결되어 있기 때문에, 결국 온 세상의 모든 미소 구조가 가지는 불확정성이 여기에 포함된다고 할 수 있다. 이러한 불확정성은 고전 물리학의 용어를 따라 기술할 수 있으며 관찰자에 따라 달라지지 않기 때문에 객관적인 요소라 부를 수 있을 것이다. 반면 우리가 세계에 대해 가지는 지식이 불충분하기 때문에 존재하는 불확정성이라는 점에서는 주관적인 요소라 할 수도 있을 것이다.

이런 상호 작용을 감안하면, 한때 '단순 사건'이었던 확률함수에는 경향성에 의한 객관적인 요소와 불충분한 지식에 의한 주관적인 요소가 혼재하게 된다. 이런 이유 때문에 관찰 결과를 확실하게 예측하는 일이 불가능한 것이다. 예측할 수 있는 것은 특정 결과가 관찰될 확률뿐이며, 이렇게 기술된 확률은 실험을 여러 번 반복함으로서 검증할 수 있다. 확률함수는, 적어도 관찰하는 과정 동안에는, 뉴턴 역학의 일반적인 절차와 달리 특정 사건을 기술하는 것이 아니라 가능한 사건의 총합을 기술한다.

관찰 자체는 확률함수를 불연속적으로 변화시킨다. 모든 가능한 사건 중에서 실제로 일어난 사건 하나를 선택하는 것이다. 관찰을 통해 계에 대한 우리의 지식이 불연속적으로 변화했기 때문에, 이를 수학으로 표현한 결과 또한 불연속적으로 변화하여 소위 말하는 '양자 도약quantum jump'이 발생한다. '자연은 비약하지 않는다Natura non facit saltus'라는 오래된 격언을 이용해서 양자론을 비판할 때, 우리는 우리가 가지는 지식은 분명 비약할 수 있다고 응수하고, 이를 통해 '양자 도약'이라는 용어의 사용을 정당화할 수 있다.

따라서 '가능성'이 '실재'로 전환되는 사건은 관찰이라는 행위가 벌어지는 도중에 발생한다. 원자 단위의 사건에서 실제로 무슨 일이 벌어지는지를 기술하고 싶다면, 우리는 '일어나는'이라는 용어는 관찰에만 적용할 수 있으며, 두 번의 관찰 사이에 존재하는 사건에는 적용할 수 없음을 깨달아야 한다. 이 용어는 관찰이라는 실제 행위가 아니라 물리적 성질에 적용되는 것이며, '가능성'이 '실재'로 전환되는 순간은 관찰 대상이 측정 도구와, 그리고 그를 통해 온 세계와 상호 작용을 하는 순간이다. 이는 관찰자의 정신이 측정 결과를 인지하는 행위 또는 그 결과와는 연관이 없다. 그러나 확률함수의 불연속적인 변화는 인지하는 행위로부터 발생하는데, 인지하는 순간 우리의 지식에 일어나는 불연속적인 변화가 확률함수의 불연속적인 변화 속에 투영되기 때문이다.

그렇다면 결국 우리 세계를, 특히 원자 단위의 세계를 어느 정도까지 객관적으로 묘사할 수 있는 것일까? 고전 물리학은 우리가 세계를, 아니면 적어도 세계의 일부를 우리 자신과 관계없이 기술할 수 있다는 믿음 또는 환상에서 시작되었다. 이는 사실 상당한 수준까지 실현 가능하다. 우리는 관찰 가능 여부와는 관계없이 런던이라는 도시가 실재한다는 사실을 알고 있다. 고전 물리학이란 관찰자에 대한 언급을 하지 않고 세계의 여러 부분에 대해 이야기하는 행위를 이상적인 형태로 구현한 것이라 할 수도 있을 것이다. 따라서 고전 물리학의 성공은 세계를 객관적으로 기술할 수 있다는 보편적인 이상으로 이어졌다. 과학에 의한 결과를 언급할 때는 객관성이 가장 중요한 요소가 된다. 양자론의 코펜하겐 해석 또한 이런 이상적인 과학의 형태를 따르는가? 양자론 또한 이런 이상에 최대한 부응한다고 말할 수 있을지도 모른다. 분명 양자론을 본질적인 의미에서 주관적인 이론이라 부를 수는 없다. 물리학자의 정신을 원자 단위의 사건의 일부로 고려하지는 않기 때문이다. 그러나 양자론이 세계를 '대상'과 나머지 부분으로 나누는 일에서 시작한다는 점을 고려하면, 적어도 나머지 세계를 기술할 때는 고전적인 개념을 사용할 수 있다. 물론 이런 분할은 임의적인 것이며, 역사적으로 고찰하면 우리가 사용해 온 과학 방법론의 직접적인 결과물이라 할 수 있다. 고전 개념의 사용은 결국 인간의 일반적인 사고방식이기 때문이다. 그러나 이 또한 기술 방식이 관찰자에 의존하기 때문에 완벽하게 객관적이 아니라고 말할 수 있는 요소가 된다.

도입부에서 양자론의 코펜하겐 해석은 역설에서 시작된다고 말한 바 있다. 이는 우리가 실험을 고전 물리학의 용어로 기술하지만 동시에 고전 물리학의 개념들이 자연에 정확하게 들어맞는 것이 아님을 알고 있다는 사실에서 기인한다. 이런 두 가지 시작점 사이의 긴장 관계는 양자론이 가지는 통계적 성질의 근원이 되었다. 따라서 종종 고전적 개념을 모두 포기하고 실험을 기술하는 개념에 극단적인 변화를 가하면 통계적이지 않은, 완벽하게 객관적으로 자연을 기술하는 일이 가능하지 않겠느냐는 제안이 등장하기도 했다.

그러나 이런 제안은 오해에 기반을 둔 것이다. 고전 물리학의 개념은 일상의 개념을 다듬어 만든 것이며, 모든 자연과학의 근간을 이루는 언어의 부분이다. 과학에서 실험을 기술할 때에는 결국 고전 개념을 사용할 수밖에 없으며, 양자론의 난점은 고전 개념으로 기술한 실험을 이론적으로 해석해야 한다는 것이다. 우리가 지금과는 다른 존재라면 무엇을 할 수 있을지를 논의하는 일은 아무 쓸모도 없을 것이다. 이 시점에서 우리는 폰 바이츠제커의 표현에 따르자면 '자연은 인간보다 먼저 존재했지만, 인간은 자연과학보다 먼저 존재했다'라는 사실을 깨닫게 된다. 이 문장의 전반부는 고전 물리학의 존재와 그 이상인 완벽한 객관화의 존재를 정당화시켜준다. 그러나 후반부는 우리가 양자론의 역설을 벗어날 수 없음을, 즉 고전 개념을 사용할 수밖에 없는 존재임을 일깨워 준다.

원자 단위의 사건을 양자론으로 해석할 때의 실제 절차에 대해 몇 가지 덧붙일 말이 있다. 앞에서 우리는 항상 세계를 연구 대상이 될 존재와 나머지 세계로 분할하며, 이러한 분할이 어떤 면에서는 임의적이라고 말한 바 있다. 물론 우리가 이를 보정하기만 하면, 예를 들어, 측정 기구의 일부 또는 전체를 실험의 대상으로 추가한 다음 양자론의 법칙을 보다 복잡해진 이 대상에 적용하기만 하면 최종 실험 결과에는 아무런 영향을 끼치지 않을 것이다. 이런 식으로 이론을 적용하는 방식을 바꾸어도 특정 실험의 결과에 대한 예측은 바뀌지 않는다. 수학적으로 볼 때 이런 시도는 플랑크 상수를 매우 작은 양으로 간주할 수 있는 현상에 양자론의 법칙을 적용할 경우에는 고전 법칙과 거의 일치한다는 것을 알려준다. 그러나 양자론의 법칙을 이런 식으로 측정 기구에 적용한다고 해서 양자론의 근본적인 역설을 피해갈 수 있으리라고 믿는 것은 오산이다.

측정 기구라는 이름에 부끄럽지 않으려면 실험 대상을 제외한 나머지 세계와 접촉하고 있어야 하며, 기구와 관찰자 사이에 상호 작용이 필요하다. 따라서 세계의 미소적 성질에 따른 불확정성이 이전과 마찬가지로 이번 실험에서도 양자계에 도입된다. 만약 측정 기구를 나머지 세계로부터 분리시킨다면 그건 더 이상 측정 기구라 부를 수 없을 것이며, 동시에 고전 물리학의 용어로 기술할 수 없는 대상이 된다.

이런 상황에 대해 보어는 대상과 나머지 세계를 분할하는 일이 임의적이 아니라고 정의하는 편이 더 현실적이라는 점을 강조했다. 원자물리학을 연구하는 과정에서 실제로 마주하는 상황을 설명하자면 이런 식이다. 우리는 특정 현상을 이해하고 싶고, 그 특정 현상이 자연계의 일반 법칙이 어떤 식으로 적용된 결과인지를 알고 싶다. 따라서 그 현상에 참여하는 특정 물질 또는 복사의 일부를 자연계의 '대상'으로 정하고 그 현상을 연구할 때 필요한 도구와 분리해 놓는다. 이런 행동은 다시 한 번 원자 단위의 사건을 기술할 때 개입하는 주관적인 요소의 존재를 강조해 주는 셈인데, 측정 기구를 제작한 사람이 다름 아닌 관찰자이기 때문이다. 우리는 여기서 관찰하는 대상이 자연 그 자체가 아니라 과학의 방법론에 노출된 자연의 일부라는 사실을 항상 기억해야 한다. 물리학에서 과학의 방법론은 우리가 사용하는 언어로 자연에 대해 질문을 던지고, 우리가 수행할 수 있는 실험으로 그에 대한 답을 얻으려 시도하는 과정이다. 이렇게 생각해 볼 때, 양자론은 보어의 말대로 '삶의 조화를 찾으려면 자신이 존재라는 연극에 참여하는 배우이자 그 모습을 지켜보는 관중임을 잊지 말아야 한다'는 옛 격언을 다시 한 번 일깨워 준다. 과학의 눈으로 자연을 바라볼 때, 그것도 가장 정교하고 복잡한 기구를 이용해야만 확인할 수 있는 자연의 일부를 볼 때는 우리 자신의 행동이 상당히 중요한 요소가 된다는 사실은 어찌 보면 당연하다고 할 수 있을 것이다.

4.
원자과학의 기원과 양자론

원자라는 개념 자체는 현대 과학의 여명기인 17세기보다 훨씬 이전에 태어났다. 그 기원을 찾아보면 고대 그리스 철학까지 거슬러 올라가며, 레우키포스나 데모크리토스가 설파한 유물론의 중심 개념으로 사용되기도 했다. 반면 원자 단위의 사건을 해석하기 위한 현대적인 방법론은 실제 유물론과는 거의 닮은 구석이 없다. 사실 원자물리학은 19세기에 유행하던 유물론적 사조에서 과학 전체를 멀어지게 했다고도 할 수 있을 것이다. 따라서 여기서 그리스 철학이 발전시킨 개념과 현대 물리학에서 사용하는 개념의 지위를 서로 비교해 보는 일도 흥미로울 것이다.

더 이상 나눌 수 없는 가장 작은 물질의 구성 요소라는 개념은 초기 그리스 철학의 중심 개념이었던 물질, 존재, 변화를 탐구하는 과정에서 처음 등장했다. 이 시기의 막을 올린 철학자는 기원전 6세기에 밀레토스 학파를 창설한 탈레스였는데, 아리스토텔레스는 그의 철학을 다음과 같이 서술했다. "물은 모든 존재의 유물론적 원인이다." 이 명제는 우리의 눈에는 이상해 보일지도 모르지만, 사실 니체가 지적한 대로 철학의 세 가지 근본적인 성질을 보여주고 있다. 첫째, 모든 존재의 유물론적 원인에 대해 질문을 던진다는 것. 둘째, 미신이나 전설에 의존하는 대신, 이성을 통해 질문에 대한 안정적인 답변을 요구한다는 것. 셋째, 모든 존재를 궁극적으로는 단 하나의 명제로 환원할 수 있다고 상정한다는 것. 탈레스의 명제는 다른 모든 일시적인 형태의 근간이 되는 기본 질료의 존재를 탐구하고자 하는 첫 번째 시도였다. 여기서 사용하는 '질료substance'라는 표현은, 물론 당시에는 오늘날의 우리가 사용하는 '물질'이라는 단어처럼 온전히 유물론적인 단어가 아니었다. 모든 생명은 이 질료에 연결되어 있거나 이 질료를 내재하고 있었으며, 아리스토텔레스에 따르면 탈레스는 "모든 존재에는 신이 충만하다"라는 주장도 했다고 한다. 그러나 모든 존재의 유물론적 원인에 대한 질문을 던진 것은 분명하며, 탈레스가 기상학을 고찰한 결과 이런 결론에 이르렀으리라고 그리 어렵지 않게 상상할 수 있다.

물은 우리가 아는 모든 물질 중에서 가장 다양한 형태를 취할 수 있다. 겨울에는 얼음과 눈으로 변하고, 수증기로 변할 수도 있으며, 구름을 형성하기도 한다. 강 하구에 삼각주가 형성될 때는 흙으로 변하는 것처럼 보이고, 흙에서 솟아오르기도 한다. 물은 생명 존재에 필수적인 요소다. 따라서 기본 질료가 존재한다고 가정할 경우 가장 먼저 떠오르는 물질이 물인 것은 어찌 보면 당연한 일이다.

기본 질료라는 개념은 이후 탈레스의 제자이며 같은 도시의 주민이었던 아낙시만드로스로 이어졌다. 아낙시만드로스는 기본 질료가 물이나 기타 친숙한 물질이라는 생각을 거부했다. 그는 기본 질료는 무한하고 영원하며 영속하는 존재이며 온 세상을 감싸고 있다고 설파했다. 이런 기본 질료가 우리에게 익숙한 다양한 물질로 변화하는 것이다. 테오프라스토스는 다음과 같은 아낙시만드로스의 말을 인용했다. "모든 존재는 순리에 따라 자신이 솟아난 그곳으로 침잠해 사라지는데, 때가 찾아오면 서로에게 행한 자신의 불의를 보상하여 만족시켜야 하기 때문이다." 이런 철학에서는 서로 반대되는 개념인 존재와 변화가 기초적인 역할을 담당한다. 무한하고 영속하는 기본 질료, 미분화 상태인 존재는 더 낮은 수준의 다양한 존재로 변화하며 끝없는 투쟁을 불러온다. 변화의 과정은 영원한 존재를 타락시키는 과정으로 간주되었다. 투쟁으로 분해되어 결국 형체도 성질도 없는 상태로 돌아가면서 속죄하게 되는 것이다.

여기서 말하는 투쟁이란 뜨거움과 차가움, 불과 물, 축축함과 마름과 같은 대립을 말한다. 한쪽이 일시적으로 승리하는 일이야말로 때가 찾아오면 대속하게 될 불의에 지나지 않는 것이다. 아낙시만드로스는 "영원한 운동", 즉 여러 세계가 무한에서 태어나 무한으로 사라지는 현상이 존재한다고 생각했다.

여기서 한 가지 흥미로운 사실을 깨달을 수 있는데, 탈레스와 아낙시만드로스의 대립, 즉 기본 질료가 우리가 아는 물질 중 하나인가, 아니면 완전히 다른 성질을 가지는 새로운 물질인가라는 질문이 현대 원자물리학에서도 형태만 약간 바뀐 채 되풀이되고 있다는 점이다. 오늘날 물리학자들은 모든 기본 입자와 그 성질에 대해 기술하는 운동의 기본 법칙을 수학을 통해 유도해 낼 수 있는지를 연구한다. 이런 운동의 기본 방정식은 알려져 있는 특정 파동, 이를테면 양성자나 중간자 파동에 연관되어 있을 수도 있지만, 아예 어떤 기본 입자의 파동과도 관련이 없는 독자적인 성질을 가지고 있을 수도 있는 것이다. 전자의 경우라면 다른 모든 소립자들을 몇 가지 '기본fundamental' 입자로 환원할 수 있다는 뜻이 된다. 사실 지난 20년 동안 이론물리학은 대부분 이쪽 방향으로 연구를 진행해 왔다. 후자의 경우라면 모든 서로 다른 소립자들을 특정 보편적 존재로 환원할 수 있을 것이며, 이를 에너지 또는 물질이라 부를 수 있을 것이다. 그러나 이 모든 소립자들은 모두 동등하며, 어떤 입자가 다른 입자보다 더 '기본적'이라 할 수는 없다. 물론 후자의 관점은 아낙시만드로스의 교리와 유사하며, 나는 현대 물리학의 견지에서 이쪽 관점이 옳을 것이라 확신하고 있다. 그러나 일단 지금은 그리스 철학으로 돌아가 보자.

밀레토스 학파의 세 번째 철학자이자 아낙시만드로스의 동료였던 아낙시메네스는 공기가 기본 질료라고 가르쳤다. "공기로 구성된 영혼이 인간을 단일 개체로 존재하게 하는 것처럼, 숨결과 공기가 온 세상을 감싸고 있는 것이다." 아낙시메네스는 응집과 분산이라는 작용이 기본 질료를 다른 물질로 바꿀 수 있다는 착상을 밀레토스 철학에 도입했다. 수증기가 응집되어 구름을 형성하는 현상이 가장 명확한 예시일 것이다. 물론 당시에는 수증기와 공기를 구분하지 않기는 했지만.

에페소스의 헤라클레이토스의 철학에서는 변화라는 개념이 가장 중요한 위치를 차지했다. 그는 움직이는 존재인 불을 기본 질료로 간주했다. 단 하나의 기본 원리 개념을 무수히 많은 현상에 적용해야 한다는 난점을, 그는 대립하는 분쟁이 사실은 일종의 조화라는 사실을 깨달음으로서 극복했다. 헤라클레이토스에게 있어 세계는 하나이자 동시에 다수였으며, 서로 상극인 존재들 사이의 "반목 긴장the opposite tension"이 유일한 일체를 이루는 구성 요소였다. 그는 이렇게 말했다. "우리는 모든 존재가 투쟁을 하며 분쟁이 정당하다는 사실을 깨달아야 한다.

모든 존재는 분쟁을 통해 탄생하고 또한 사라져 가는 것이다."

그리스 철학의 발전 과정을 되짚어보면 초창기에서 이 단계에 이르기까지 모든 개념이 유일한 존재와 다수의 존재 사이의 긴장에서 태어났음을 알 수 있다. 우리가 보기에 이 세계는 무한하게 다양한 존재와 사건, 색채와 소리로 가득한 곳이다. 그러나 그런 세계를 이해하기 위해서는 어떤 식으로든 질서를 도입할 필요가 생기며, 질서란 곧 특정 존재들 사이의 동질성을 파악하는 것이기 때문에, 일종의 통일성이 나타나게 된다. 여기서 단 하나의 기본적 원리가 존재할 것이라는 신념이 태어나며, 동시에 무한하게 다양한 존재들로부터 그 원리를 유추해 내야 한다는 난점도 발생한다. 이 세계는 물질로 구성되어 있으므로, 모든 존재의 물질적 원인이라는 시작점이 있었으리라는 생각은 지극히 자연스러운 것이다. 그러나 기본적 보편성이라는 착상을 극단까지 밀어붙이면 결국 분화되지 않는 영속적인 존재라는 개념에 도달하게 되며, 이는 그 자체로는 모든 존재가 보이는 무한한 다양성을 설명할 수 없다. 여기서 존재와 변화가 서로 반대되는 개념이라는 사실이 드러나며, 결국 헤라클레이토스의 해결책, 즉 변화 그 자체가 기본적 원리라는 이론에 도달하게 되는 것이다. 시인들이라면 "세계를 재생하는 영원한 변화"라고 불렀을 법하다. 그러나 변화 그 자체는 물질적 원인이 아니며, 따라서 헤라클레이토스의 철학에서는 기초 원소인 불의 형태로 묘사된다. 불은 물질이며 동시에 움직이는 힘이기 때문이다.

여기서 현대 물리학이 어떤 면으로는 헤라클레이토스의 교의에 극단적으로 가깝다는 점을 말하고 넘어가야겠다. 만약 여기서 '불'이라는 단어를 '에너지'라는 단어로 바꾸기만 하면, 우리는 헤라클레이토스의 명제를 거의 그대로 현대 물리학의 명제로 가져올 수 있다. 에너지는 사실 모든 기본 입자, 모든 원자, 따라서 모든 존재를 구성하는 물질이며, 게다가 실제로 이동하기까지 한다. 에너지는 그 총량이 변하지 않기 때문에 물질이며, 기본 입자를 창조하는 수많은 실험에서 볼 수 있듯이 에너지로 기본 입자를 창조할 수도 있다. 에너지는 운동으로, 열로, 빛으로, 압력으로 변할 수 있다. 에너지를 세계에 존재하는 모든 변화의 근본 원인이라 부를 수도 있을 것이다. 그러나 그리스 철학과 현대 과학의 개념을 비교하는 논의는 나중으로 미루어 두기로 하자.

이내 그리스 철학은 이탈리아 남부의 엘레아에 거주하던 파르메니데스의 가르침을 따라 잠시 단 하나의 기본 질료라는 개념으로 돌아갔다. 그가 그리스 사상에 남긴 가장 중요한 업적은 형이상학에 순수 논리로 구성된 증명을 도입한 것일지도 모른다. "존재하지 않는 것에 대해서는 파악하거나 입에 담을 수 없다. 존재하는 것이라면 그에 대해 사유하고 확인할 수 있을 것이기 때문이다." 따라서 근본 질료는 오직 자신으로서만 존재하며 생성되거나 사라지는 것은 불가능하다. 파르메니데스는 논리적 이유에 따라 진공의 존재를 부정했다. 그는 모든 변화에는 진공이 필요하다고 가정했기 때문에 변화란 감각의 환상일 뿐이라고 치부했다.

그러나 철학은 이런 역설에 그리 오래 매달리지 않았다. 시칠리아 섬의 남해안에서 태어난 엠페도클레스가 처음으로 일원론을 버리고 일종의 다원론을 도입한 것이다. 하나의 기본 질료라는 개념으로 사물과 사건의 다양성을 설명할 때 일어나는 어려움을 해결하기 위해, 그는 네 가지 기본 원소, 즉 흙, 물, 공기, 불이라는 개념을 가정했다. 이런 원소들은 '사랑과 배척'의 작용에 의해 서로 섞이거나 분리된다. 따라서 여러 가지 측면에서 다른 4원소와 마찬가지로 물질 취급을 받은 공기와 불이 영속적인 변화를 담당한다. 엠페도클레스는 세계의 생성을 다음과 같이 묘사했다. 태초에는 파르메니데스의 철학에서 말하는 것처럼 무한한 단일 질료의 구체가 존재했다. 그러나 이 태초의 질료 속에는 네 가지 '근원'이 사랑의 힘에 의해 하나로 섞여 있었다. 여기서 사랑이 사라지고 배척이 등장하자, 원소들은 부분적으로 흩어지거나 결합되기 시작했다. 결국 그 이후 모든 원소가 완전히 분리되고 사랑은 세계 밖으로 밀려났다. 최후가 찾아오면 사랑이 다시 모든 원소를 하나로 합칠 것이고, 배척이 사라져서 우리는 모두 원래의 구체로 돌아가게 될 것이다.

엠페도클레스의 교리에서 우리는 그리스 철학이 명확하게 유물론의 방향으로 선회했다는 사실을 알 수 있다. 4원소설은 근본 원리라기보다는 실제 물질에 대한 이론에 가깝다. 사물이나 사건의 무한한 다양성을 설명하기 위해 서로 근본적으로 다른 성질을 가지는 질료가 섞이거나 나 분리될 수 있다는 착상이 처음 등장한 것도 여기였다. 기본 원리를 기준으로 생각할 때는 다원론이 파고들 구석이 없다. 그러나 여기서는 일원론의 난점을 피하면서도 일종의 질서를 구축할 수 있는 절충안이 제시된 것이다.

원자라는 개념에 이르는 다음 단계를 개척한 사람은 엠페도클레스와 동시대인인 아낙사고라스였다. 그는 아테네에 30년 동안 머물렀는데, 아마 기원전 5세기 전반이었을 것이다. 아낙사고라스는 혼합이라는 개념을 강조하며, 모든 변화가 혼합과 분리에 의해 일어난다는 가정을 도입했다. 그는 무한대의 다양성을 가지는 무한대로 작은 '씨앗'들이 모든 존재를 구축한다고 가정했다. 이런 씨앗들은 엠페도클레스의 네 가지 원소 정도가 아니라, 셀 수 없이 많은 다양한 종류의 씨앗이다. 그러나 이 씨앗들은 서로 혼합되거나 분리되며 온갖 변화를 불러온다. 아낙사고라스의 교리는 처음으로 '혼합'이라는 단어를 기하학으로 해석할 수 있는 여지를 도입했다. 그가 무한히 작은 씨앗이라는 표현을 사용했기 때문에, 그 혼합물은 서로 다른 색의 두 종류의 모래를 혼합하는 것으로 나타낼 수 있으며, 씨앗들의 개수와 상대적 위치는 변할 수 있다. 아낙사고라스는 모든 물질에 모든 종류의 씨앗이 존재하며, 그 비율의 차이에 따라 물질의 성질이 달라진다고 생각했다. 그는 이렇게 말했다. "모든 존재가 모든 존재 안에 들어 있다. 떨어져 나오는 것이 불가능할 뿐 아니라, 모든 존재에는 다른 모든 존재의 일부가 포함되어 있는 것이다." 아낙사고라스의 우주를 움직이는 원동력은 엠페도클레스가 설파한 사랑과 배척이 아니라 '노우스Nous'라는 것이었는데, '정신'으로 번역할 수 있을 것이다.

이제 원자라는 개념까지는 한 단계밖에 남지 않았다. 마지막 단계를 개척한 사람은 레우키포스와 아브데라의 데모크리토스였다. 파르메니데스의 철학에 등장한 존재와 비존재라는 서로 반대되는 개념은, 여기서 '포만'과 '공허'로 세속화되어 보편성을 획득했다. 기본 질료가 유일하지 않다면 무한히 반복하는 것이 가능할 것이다. 여기서 나눌 수 없는 가장 작은 물질 단위인 원자가 등장한다. 원자는 영속하며 파괴할 수 없지만, 정해진 유한한 크기를 가진다. 운동이 가능한 것은 원자 사이에 빈 공간이 존재하기 때문이다. 따라서 역사상 처음으로 가장 작은 궁극적인 입자가 존재한다는 착상이 등장한 것이다.

물질을 구성하는 기본 구성 단위인 이 존재를 기본 입자라고 부르기로 하자.

원자라는 새로운 개념을 따르면, 물질은 '포만'만이 아니라 원자가 움직이는 빈 공간인 '공허' 또한 구성한다. 파르메니데스의 논리에 의거한 공허의 부정, 즉 부존재는 존재할 수 없다는 개념은 실제 경험에 맞추기 위해 무시되었다. 현대적인 관점에서 보는 우리는 데모크리토스의 철학에서 말하는 원자 사이의 빈 공간이 실제로는 공허가 아니었다고 말할 수 있을 것이다. 이 공간을 통해 구조와 운동의 요소가 전파될 수 있으며, 따라서 원자가 다양하게 배열되고 운동할 수 있게 해 주는 것이다. 그러나 철학의 관점에서 진공의 존재 가능성은 항상 논란의 대상이 되어 왔다. 일반 상대성이론이 제시한 해답에 따르면, 물질은 기하학적 구조를 생성할 수 있으며 또한 기하학적 구조가 물질을 생성할 수도 있다. 이런 답은 여러 철학자들이 가졌던 물질이 공간의 존재를 정의한다는 관점에 가깝다고 할 수 있다. 그러나 데모크리토스는 변화와 운동을 가능하게 만들기 위해서 이 관점을 확고하게 떨쳐 버린 것이다.

데모크리토스의 원자는 모두 존재로서의 성질을 가지는 같은 종류의 질료이지만 그 크기와 형태는 서로 다르다. 따라서 그의 원자는 수학적으로는 나눌 수 있지만 물리학의 개념으로는 불가능하다. 이런 원자들은 운동할 수 있으며, 공간 안에서 서로 다른 위치를 차지한다. 그러나 그 이외의 물리적 성질은 없다. 색도 냄새도 맛도 없다. 우리가 감각을 통해 인지하는 물질의 성질은 공간 속에서 원자의 움직임과 위치에 따라 결정되는 것이다. 알파벳의 같은 글자를 사용해 희극도 비극도 쓸 수 있는 것처럼, 이 세계의 극도로 다양한 사건들은 동일한 원자가 서로 다르게 배열되고 운동하면서 현실로 벌어지는 것이다. 구조와 운동의 요소는 진공 덕분에 발생할 수 있으며, 어떤 면에서는 순수한 존재 자체보다 훨씬 중요하다. 데모크리토스는 다음과 같은 말을 했다고 알려져 있다. "어떤 물질이 색을 가지고 있거나, 단맛이나 쓴맛을 지니는 것은 그저 그렇게 보일 뿐이다. 실제로 존재하는 것은 원자와 빈 공간뿐이다."

레우키포스의 철학에 등장하는 원자들은 우연으로 움직이는 것이 아니다. 레우키포스가 다음과 같은 말을 했다는 사실을 고려하면, 그는 완전한 결정론의 신봉자였던 것으로 보인다. "목적 없이 벌어지는 일은 없다. 모든 존재는 근원과 필연성을 가진다." 원자론자들은 원자가 최초에 운동을 시작하는 이유를 제시해 주지 않은 채 그저 원자의 운동 자체의 인과관계만 묘사하려 했다. 인과관계는 전후에 벌어지는 특정 사건은 설명해 줄 수 있지만, 최초에 발생한 사건은 설명할 수 없다.

후대의 그리스 철학자들은 원자론의 기본 착상을 가져가서 부분적으로 변형하는 일을 계속했다. 현대의 원자물리학과 비교하기 위해서는 우선 플라톤의 대화편 『티마이오스』에 등장하는 물질에 대한 설명을 언급해야 할 것이다. 플라톤은 원자론자가 아니었다. 오히려 정반대였는데, 고대 그리스의 철학사가 디오게네스 라에르티오스의 설명에 의하면 플라톤은 데모크리토스를 끔찍이도 싫어해서 그의 책을 전부 태워버리고 싶어 했을 정도였다고 한다. 그러나 플라톤은 원자론에 가까운 여러 착상을 피타고라스학파의 교리 및 엠페도클레스의 가르침과 조합했다.

피타고라스학파는 디오니소스 신앙에서 내려온 신앙 체계인 오르페우스교의 한 분파다. 여기서 탄생한 종교와 수학의 결합은 이후 인간의 사상에 강력한 영향을 끼쳤다. 피타고라스학파는 수학 방정식에 내재되어 있는 창조의 힘을 처음으로 깨달은 이들이었다. 두 현의 길이가 단순한 정수의 비율을 이루면 화음을 이루게 된다는 발견은, 수학이 자연 현상을 이해하는 일에 막대한 도움을 줄 수 있다는 사실을 알려주었다. 피타고라스학파에 있어 현상의 이해는 그리 중요한 주제가 아니었다. 중요한 것은 현의 길이가 정수비를 이룰 때 소리에서 화음이 창조된다는 사실 쪽이었다. 피타고라스학파에 존재하던 수많은 신비 사상과 교의는 우리 입장에서는 상당히 이해하기 힘들다. 그러나 수학을 신앙의 일부로 받아들임으로서, 그들은 인간 사상의 발전에 있어 필수적인 요소를 도입했다. 피타고라스에 대해 버트런드 러셀이 한 말을 인용하는 게 좋을지도 모르겠다. "사상이라는 분야에서 그만큼 강한 영향력을 끼친 사람은 달리 없을 것이다."

플라톤은 피타고라스학파가 발견한 정다면체를 엠페도클레스의 원소에 결부시킬 수 있다는 가능성을 깨닫고 있었다. 그는 흙이라는 원소의 가장 작은 일부를 정육면체에, 공기를 정팔면체에, 불을 정사면체에, 물을 정이십면체에 대응시켰다. 정십이면체에 대응하는 원소는 존재하지 않는다. 이에 대해 플라톤은 그저 "신께서 우주를 설계하실 때 사용한 다섯 번째 조합이 존재할 것이다"라고만 말한다.

4원소를 의미하는 정다면체라는 개념을 원자 개념과 비교해 보자면, 일단 플라톤이 정다면체를 나눌 수 없는 요소라고 생각하지 않았다는 점은 분명하다. 플라톤은 두 가지 삼각형, 즉 정삼각형과 이등변삼각형을 조합하는 식으로 정다면체를 구축했기 때문이다. 따라서 그가 사용한 기본 원소는 (적어도 부분적으로는) 다른 원소로 변할 수 있다. 정다면체를 여러 개의 삼각형으로 부순 다음 그걸 이용해 새로운 정다면체를 만들 수 있기 때문이다. 예를 들어, 정사면체 하나와 정팔면체 두 개를 부수면 정삼각형 스무 개가 나오는데, 이를 재조합하면 정이십면체를 만들 수 있다. 이를 다른 말로 바꾸면, 불 원자 하나와 공기 원자 두 개를 조합하면 물 원자 하나가 생긴다는 말이 된다. 그러나 여기서 사용한 기본 구성 단위인 삼각형은 물질이라 부를 수 없는데, 공간 속에 존재를 가질 수 없기 때문이다. 이런 삼각형을 조합해 정다면체를 만들어야 비로소 물질 단위가 생겨나는 것이다. 따라서 물질의 가장 작은 구성 요소는 데모크리토스의 철학에서 말하는 기본 존재가 아니라 수학적 형태이다. 이는 명백하게 형상 자체가 형상을 이루는 질료보다 중요하다는 뜻이다.

원자라는 개념의 성립에 이르는 그리스 철학을 간략하게 살펴봤으니, 이제 현대 물리학으로 돌아와서 우리가 원자와 양자를 보는 현대적 관점을 고대의 관점과 비교해 봐야겠다. 역사적으로 볼 때, 현대 물리학과 화학에서 사용하는 '원자'라는 단어는 17세기의 과학 부흥기에 잘못된 대상에 배정되어 버렸다고 할 수 있다. 화학적 원소에 속하는 가장 작은 입자는 그보다 더 작은 단위가 복잡하게 얽힌 형태로 구성되어 있기 때문이다. 이렇게 원자보다 작은 입자를 우리는 기본 입자라 부르는데, 현대 물리학에서 데모크리토스의 원자에 비견할 만한 것은 바로 이런 기본 입자들, 즉 양성자, 중성자, 전자, 중간자와 같은 소립자들이라 할 수 있을 것이다.

데모크리토스는 원자의 운동과 배열을 통해 물질의 성질, 즉 색상이나 냄새나 맛을 설명할 수 있다면 원자 자체는 이런 성질을 지니지 않아야 한다는 논리적인 추측을 했다. 따라서 그는 원자에서 이런 성질을 배제했고, 그 결과 그의 원자는 상당히 추상적인 물질로 남았다. 그러나 데모크리토스는 자신의 원자에 단 하나의 성질을 남겼는데, 그건 바로 '존재', 즉 공간상의 자리를 차지하고 형태를 가지며 운동을 한다는 성질이었다. 이런 성질을 남겨둔 이유는 존재로서의 성질까지 모조리 배제해 버린다면 원자에 대한 서술을 하는 일이 극도로 까다로워질 터이기 때문이었다. 이 말을 뒤집어 보면 그의 원자 개념으로는 구조 자체, 즉 공간 점유나 실재성을 해석할 수 없다는 뜻이 되는데, 구조적 성질을 좀 더 근본적인 성질로 환원하는 일이 불가능하기 때문이다. 이 점을 감안해 보면 기초 소립자에 대한 현대적 관점은 좀 더 일관적이며 동시에 좀 더 극단적으로 보인다. 다음 질문을 생각해 보자. 기본 입자란 무엇인가? 단순히 '중성자'라 이름을 붙이는 것은 간단하지만, 그 단어가 무엇을 뜻하는지 명확하게 정의된 모습이나 의미를 부여하는 것은 불가능하다. 여러 가지 방법으로 모습을 기술하는 것은 가능하다. 한 번은 입자로, 그리고 다시 파동이나 파속wave packet으로 묘사할 수 있을 것이다. 그러나 우리는 이런 기술 중 어느 것도 정확하지 않다는 사실을 잘 알고 있다. 중성자가 색도 냄새도 맛도 없다는 것은 사실이며, 그렇게 생각해 볼 때 중성자는 그리스 철학의 원자와 유사하다. 그러나 기본 입자는 적어도 어느 정도까지는 다른 여러 성질도 가질 수 없다. 구조와 운동의 상태라는 개념 또한 공간 속에서의 형상이나 운동이라는 개념처럼 일관적으로 적용될 수 없기 때문이다. 기본 입자에 대해 엄밀하게 기술하고 싶다면 — 특히 '엄밀하게'라는 단어를 강조한다면 — 우리가 기술할 수 있는 것은 결국 확률함수뿐이다. 하지만 그러고 나면 우리의 기술에는 존재라는 성질조차도 (물론 존재를 '성질'이라 부를 수 있다면 말이지만) 포함되지 않는다는 사실을 깨닫게 된다. 확률함수란 존재 가능성이나 존재의 경향성이기 때문이다. 따라서 현대 물리학의 기본 입자는 고대 그리스의 원자보다 훨씬 추상적인 개념이며, 바로 이 추상성이 물질의 행동을 보다 일관되게 설명할 수 있는 단서를 제공해 준다.

데모크리토스의 철학에서 모든 원자는 동일한 질료로 구성되어 있다(물론 '질료'라는 단어를 이 경우에 적용할 수 있을 경우의 이야기지만). 현대 물리학의 기본 입자는 다른 성질과 마찬가지로 질량에 있어서도 제한된 성질을 가진다. 그리고 상대성이론에 따르면 질량과 에너지는 근본적으로 동일한 개념이기 때문에, 우리는 모든 기본 입자가 에너지로 구성되어 있다고 할 수 있다. 이는 다른 말로 하면 세상의 모든 주요 질료를 에너지로 정의할 수 있다는 뜻이다. 실제로 에너지는 '질료'의 필수적인 성질인 보존성을 가지는 것이다. 그 때문에 앞에서 헤라클레이토스의 철학을 설명할 때, 불이라는 원소를 에너지를 뜻하는 것으로 간주한다면 현대 물리학의 관점과 매우 비슷한 면을 지닌다고 언급한 것이다. 결국 움직이는 것은 에너지다. 에너지는 모든 변화의 근본 원인이라 칭할 수 있으며, 물질이나 열이나 빛으로 변할 수 있다. 헤라클레이토스의 철학에서 대립자들 사이의 분쟁 관계는 두 가지 서로 다른 에너지 사이의 분쟁이라는 형태로 찾아볼 수 있다.

데모크리토스의 철학에서 원자는 영원하며 파괴되지 않는 물질의 구성 단위이며, 다른 형태로 변화하는 일은 불가능하다. 이 문제에 있어서는 현대 물리학은 데모크리토스의 유물론에 단호하게 반대하며 플라톤이나 피타고라스학파와 같은 편에 선다. 기본 입자는 분명 파괴 불가능하지 않고 영원한 물질의 구성 단위가 아니며, 다른 입자로 변화하는 일도 가능하다. 사실 두 개의 기본 입자가 매우 높은 운동에너지를 가진 상태로 공간 속을 이동하여 충돌하게 되면, 충돌 에너지로부터 수많은 새로운 입자가 탄생하고 예전의 입자는 사라질 수도 있다. 이런 사건은 종종 관찰되었으며 모든 입자가 동일한 질료, 즉 에너지로 만들어져 있다는 최고의 증거로 간주되었다. 그러나 현대 과학의 관점과 플라톤 및 피타고라스학파의 관점의 유사성은 조금 더 확장해 볼 수도 있다. 플라톤의 『티마이오스』에 등장하는 에너지 입자는 결국 물질이 아니라 수학적 형태이다. "모든 존재는 숫자다"라는 말은 피타고라스학파의 본질을 나타내는 문장이다. 당시에 존재 가능한 수학 형태는 기하학의 형태, 즉 정다면체나 그 표면을 이루는 삼각형 정도였지만 말이다. 현대 양자론 또한 기본 입자를 최종적으로 수학 체계를 이용해 표현한다는 점은 두말할 여지도 없지만, 이 경우에는 훨씬 복잡한 형태를 취한다. 그리스 철학자들은 정적인 형상을 생각하고 그 존재를 정다면체 속에서 찾았다. 그러나 현대 과학은 16, 17세기에 역학의 문제에서 시작되었다. 뉴턴 이래로 물리학을 지배해 온 요소는 배열이나 기하학적 구조가 아니라 역학의 법칙이었다. 운동 방정식은 시대를 막론하고 진리로 여겨지며, 그런 면에서 생각해 보자면 불멸이다. 반면 공전 궤도의 형태와 같은 기하학의 형식 문제는 변할 수 있다. 따라서 기본 입자를 표현하는 수학적 형식은 물질과 관련된 영속성을 가지는 운동 방정식의 형태로 제공되어야 한다. 사실 이는 아직 해결되지 못한 문제다. 물질에 대한 운동의 기본 법칙은 아직 밝혀지지 않았으며, 따라서 기본 입자의 성질을 이런 법칙에서 유도해 내는 것은 불가능하다. 그러나 현재의 이론물리학은 그 목표에서 그리 멀리 떨어지지 않은 것으로 보이며, 적어도 어떤 종류의 법칙을 기대할 수 있는지 정도는 언급할 수 있다. 물질에 대한 최종적인 운동 방정식은 아마도 양자화된 비선형 파동 방정식일 것이며, 특정한 파동이나 입자가 아니라 단순히 물질을 의미하는 연산자의 파동장을 가질 것이다. 이 운동 방정식은 아마도 꽤나 복잡한 적분 방정식의 형태가 될 것이고, 물리학자들의 표현에 따르면 '고유값Eigenvalue'과 '고유해(解)Eigensolution'를 가지게 될 것이다. 여기서 도출된 고유해가 기본 입자를 나타내는 최종 형태가 될 것이며, 피타고라스학파의 정다면체를 대체할 수 있는 수학적 형태가 될 것이다. 여기서 피타고라스학파의 현이 고유의 미분 방정식을 따라 진동으로 화음을 만드는 것과 같은 수학적 방식으로, 이 '고유해'들 또한 물질의 기본 방정식을 따를 것이라 말할 수 있을지도 모른다. 그러나 조금 전에 말했듯이, 이 문제는 아직 해결되지 않았다.

피타고라스학파의 사고방식을 따르면 운동의 기본 법칙이 수학적으로 단순한 형태를 가질 것이라고 기대할 수 있을지도 모른다. 그 고유상태Eigenstate에 따라 해를 구하는 작업 자체는 매우 복잡할 수도 있지만. 그러나 단순한 형태를 기대하는 쪽으로 도움이 될 만한 사실은 별로 없다. 물리학에서 기본 방정식은 항상 수학적으로 단순한 형태로 기술할 수 있었다는 사실을 제시하는 것 말고는. 이 사실이야말로 피타고라스학파의 교의에 잘 들어맞는 것이며, 이런 측면으로는 많은 물리학자들이 신념을 공유하고 있다. 그러나 그런 단순성이 필연적인 것이라고 증명할 수 있는 설득력 있는 논지는 아직 등장하지 않았다.

여기서 현대 물리학의 기본 입자에 대해 관심을 가진 비전문가가 종종 던지는 질문을 하나 짚고 넘어가야겠다. 물리학자들이 이런 기본 입자를 더 작은 조각으로 쪼갤 수 없다고 주장하는 이유는 무엇인가? 이 질문을 따라가 보면, 현대 물리학이 그리스 철학에 비해 얼마나 더 추상적인지를 잘 알 수 있다. 논의는 다음과 같은 식으로 진행된다. 어떻게 하면 기본 입자를 쪼갤 수 있는가? 분명 극도로 강한 힘과 매우 날카로운 도구가 필요할 것이다. 여기서 사용할 수 있는 도구는 다른 기본 입자뿐이다. 따라서 극도로 높은 에너지를 가진 두 개의 기본 입자를 충돌시키는 것이야말로 입자를 쪼개는 유일한 방법일 것이다. 이렇게 하면 실제로 기본 입자를 쪼갤 수 있으며, 때로는 수많은 파편을 방출한다. 그러나 여기서 방출되는 파편 또한 같은 수준의 기본 입자들일 뿐 그보다 작은 구성 요소가 아니다. 이들 파편의 질량은 충돌하는 두 입자가 가지는 매우 큰 운동에너지에서 유래한다. 다른 말로 하면, 에너지를 물질로 변환하는 과정 덕분에 기본 입자의 조각 또한 같은 기본 입자가 될 수 있는 것이다.

지금까지 원자물리학을 그리스 철학과 비교했으니 이제 그런 비교를 잘못 이해하지 말라는 경고를 덧붙여야겠다. 얼핏 보기에는 그리스 철학자들이 번득이는 천재적인 영감에 의해 현대인이 몇 세기에 걸쳐 노력한 끝에 실험과 수학의 방법론으로 얻어낸 결과물과 동일하거나 상당히 유사한 결론을 얻어낸 것처럼 보일지도 모른다. 그러나 지금까지 수행한 비교를 이런 식으로 해석하는 것은 완전한 오해다. 현대 물리학과 그리스 철학 사이에는 엄청난 간극이 존재하며, 이는 현대 과학이 가지는 실험과 실증적 탐구 방식에서 유래한다. 갈릴레오와 뉴턴의 시대 이래로 현대 과학은 자연에 대한 세밀한 탐구와 실험에 의해 입증된, 아니면 적어도 입증될 수 있는 공리에 기반을 두어 왔다. 실험을 통해 자연계 안에서 특정 사건을 추출해 낼 수 있다는, 그리고 그를 통해 세부 사항을 탐구하고 계속되는 변화 속에서 불변하는 법칙을 발견할 수 있다는 착상은, 고대 그리스 철학자들에게는 상상조차 할 수 없는 것이었다. 따라서 현대 과학은 그 시작점부터 그리스 철학보다 훨씬 보편적이고 훨씬 단단한 기반 위에 서 있는 것이다. 따라서 현대 물리학의 명제는 어떤 면에서 보면 그리스 철학자들의 주장보다 훨씬 진지하고 있는 그대로 받아들여야 한다. 예를 들어, 플라톤이 불의 가장 작은 입자가 정사면체라고 말하면, 정확히 무슨 말을 하고 싶은지를 파악하기가 쉽지 않다. 정사면체가 불이라는 원소에 연결된 상징이라는 뜻인가, 아니면 불의 가장 작은 입자가 역학적인 측면에서 단단하거나 탄력을 가지는 정사면체처럼 행동한다는 뜻인가? 그렇다면 어떤 힘을 사용해야 정삼각형으로 쪼갤 수 있는가? 현대 과학은 결국 이런 질문을 던지게 될 것이다. 실험을 통해서 불의 원자가 정사면체가 아닌 다른 모양, 이를테면 정육면체가 아니라는 사실을 증명할 방법이 있는가? 반면 현대 과학에서 양성자가 물질의 기본 방정식의 특정한 해(解)의 결과라고 말한다면, 그건 우리가 이 해로부터 양성자의 모든 존재 가능한 성질을 유추해 낼 수 있으며, 실험을 통해 그 해가 옳은지를 모든 측면에서 검증할 수 있다는 말이 된다. 이렇게 실험을 통해 매우 높은 정확도로, 수많은 세부적인 시점에서 명제를 검증할 수 있는 가능성을 가진다는 점은, 고대 그리스 철학의 명제에서 찾아볼 수 없는 엄청난 권위를 현대 물리학에 부여해 준다.

어쨌든 고대 철학의 주장 중 일부는 현대 물리학의 명제에 꽤나 근접해 있는 것이 사실이다. 이는 실험을 수행하지 않아도, 자연계에 대한 일반적인 경험을 쌓고, 이 경험에서 일반 법칙을 도출하고 질서를 부여하려는 부단한 노력을 반복하면, 인간의 사상이 어디까지 도달할 수 있는지를 확실히 보여준다.

5.
데카르트 이후 철학 사조의 발전과
양자론의 새로운 상황의 비교

　기원전 5세기에서 4세기에 걸쳐 그리스의 과학과 문화가 정점에 도달한 뒤 2천 년 동안, 인간의 보편적 정신은 고대와는 다른 종류의 문제에 사로잡혀 있었다. 그리스 문화의 초창기에 철학의 가장 큰 욕망은 우리가 살아가며 감각을 통해 인지하는 세계의 현실을 이해하는 것이었다. 이들의 현실은 생명으로 가득했으며, 물질과 정신이나 육체와 영혼 사이의 차이점을 강조할 이유가 별로 없었다. 그러나 플라톤의 철학에 도달하면 벌써 다른 부류의 현실이 더욱 강해지는 모습을 찾아볼 수 있다. 유명한 '동굴의 비유'에서 플라톤은 인간을 동굴에 묶인 채 한쪽 방향밖에 바라볼 수 없는 죄수에 비유한다. 뒤에 불이 있기 때문에 그는 자기 자신과 뒤에 있는 물건의 그림자가 벽에 비친 모습밖에 볼 수 없다. 그림자밖에 볼 수 없는 죄수는 그림자를 실체로 간주하고 실제 사물은 알아채지 못한다. 마침내 죄수 한 명이 동굴에서 도망쳐 태양 아래로 나온다. 그는 처음으로 실제 사물을 보며 지금까지 그림자에 속아 왔다는 사실을 깨닫는다. 진실을 알게 된 그는 어둠속에서 보낸 기나긴 삶을 반추하며 오직 슬픔만을 느낀다. 여기서 동굴을 벗어나 진리의 빛 속으로 나온 사람, 진정한 지식을 깨닫게 된 자가 바로 철학자가 된다. 진리와의 직접 연결, 또는 기독교적 감각으로 말하면 신과의 직접 소통이야말로 우리의 감각으로 인지하는 세계라는 현실보다 더욱 강한 현실성을 지니는 새로운 현실이다. 신과의 소통은 이 세계가 아니라 인간의 영혼 속에서 일어나며, 이런 사상은 플라톤 이후 2천 년 동안 인간의 사고를 지배해 왔다. 이 시기 동안 철학자들의 눈은 인간의 영혼과 신의 소통, 도덕률의 문제, 계시의 해석만 바라보았을 뿐, 외부 세계로는 향하지 않았다. 이탈리아에 르네상스가 찾아온 다음에야 인간의 정신은 다시 점진적으로 변화하기 시작하였으며, 마침내 자연에 대한 흥미가 되살아나게 되었다.

16세기와 17세기 이후 자연과학의 놀라운 발전을 예비하고 동행한 것은 과학의 기본 개념과 밀접하게 연관된 철학 사상의 발전이었다. 따라서 우리 시대에 이르러 현대 과학이 획득한 지위를 염두에 두고 이런 사상을 평가해 보는 일도 유용하리라 생각한다.

이런 신시대에 최초로 등장한 위대한 철학자는 17세기 전반에 살았던 르네 데카르트다. 과학적 사고의 정립에 가장 중요한 역할을 수행한 그의 사상은 『방법서설』 속에서 찾아볼 수 있다. 그는 의심과 논리적 추리를 사용해서 완벽하게 새롭고 견고한 철학의 기반을 닦고자 했다. 계시는 그가 보기에 그런 기반이 될 수 없었으며, 또한 감각으로 받아들인 내용을 무비판적으로 수용하고 싶지도 않았다. 그래서 그는 의심의 방법론을 도입했다. 그는 논리의 결과물에 대한 감각의 타당성을 의심하다가 마침내 그 유명한 선언에 도달했다. "나는 생각한다, 고로 나는 존재한다cogito ergo sum." 의심 자체가 생각에서 유래하는 만큼, 지금 생각을 하고 있는 나의 존재 자체는 의심할 수가 없는 것이다. 이런 식으로 '나'의 존재를 확정한 데카르트는 스콜라 철학의 논리를 그대로 따라서 신의 존재가 필수적임을 증명했다. 그리고 마침내 그는 신이 '나'에게 세계의 존재를 믿게 하려는 강한 성향을 주었으며, 신이 '나'를 속이는 일은 불가능하기 때문에 세계의 존재를 증명할 수 있다고 말한다.

데카르트 철학의 근간은 고대 그리스 철학자들의 경우와는 극단적으로 다르다. 여기서 시작점은 기본 원리나 질료가 아니라 근본적인 지식을 향한 갈망이다. 그리고 데카르트는 우리가 외부 세계보다 자신의 정신에 대해서 더 확신할 수 있다는 점을 깨닫는다. 그러나 그의 논지가 신-세계-나라는 삼중 구조에서 시작한다는 점에서, 우리는 이미 그의 논리가 이 이상 발전시키기에는 근본적으로 위태로운 이유를 알 수 있다. 플라톤의 철학에서 시작된 물질과 정신, 육체와 영혼의 분할이 마침내 완벽하게 구현된 것이다. 신은 나 자신과 세계 양쪽으로부터 떨어져 나온다. 사실 신은 여기서 세계와 인간으로부터 너무 멀리 떨어진 높은 곳에 군림하기 때문에, 데카르트 철학에서는 공통의 준거로 존재하며 나와 세계를 연결해 주는 역할로만 등장한다.

고대 그리스 철학에서는 무한한 다양성을 지닌 사물과 사건에 근본적이고 보편적인 원칙을 도입해 체계를 구축하려 시도했지만, 데카르트는 근본적인 분할을 통해 체계를 확립하려 했다. 그러나 분할을 통해 확립된 세 가지 주체는 다른 두 주체와 독립적으로 고려할 때는 그 본질의 일부를 잃어버리게 된다. 데카르트의 기본 개념을 사용하다 보면, 결국 신이 세계와 내 속에 존재하며 나 자신도 세계와 완전히 분리될 수 없다는 사실을 받아들일 수밖에 없다. 물론 데카르트도 이런 연결을 부정할 수 없다는 사실을 잘 알고 있었지만, 후대의 철학과 자연과학은 '사유실체res cogitans'와 '연장실체res extensa'의 대조를 근간으로 하게 되었으며, 자연과학은 '연장실체'에 관심을 집중했다. 데카르트식 이분법이 후대의 인간 사유에 끼친 영향은 아무리 강조해도 부족할 터이나, 우리 시대의 물리 발전을 다룰 때는 바로 이 이분법에 대해 비판을 집중하게 될 것이다.

물론 데카르트가 새로운 철학 방법론을 통해 인간 사유의 새로운 방향을 제시했다고 말하는 것은 잘못일 것이다. 사실 그가 한 일은, 이탈리아의 르네상스와 종교개혁에서 찾아볼 수 있던 사조를 처음으로 형식화한 것에 지나지 않는다. 수학에 대한 관심이 되살아나자 이내 플라톤 철학에 속하는 여러 요소의 영향이 증가하게 되었으며, 동시에 개인 차원의 종교를 강조하는 풍조도 일어났다. 수학에 대한 관심의 증가는 또한 논리적 추론에서 출발하여 수학적 증명처럼 명쾌한 결론에 이를 수 있는 철학 체계가 인기를 얻도록 해 주었다. 개인의 종교 활동을 강조하면 나, 그리고 나와 신의 관계를 세계에서 분리해 내게 된다. 갈릴레오의 저작에서 찾아볼 수 있는 실증적 지식과 수학의 조합이 흥미를 유발한 이유는, 아마도 부분적으로는 종교개혁이 일으킨 신학 논쟁과 완벽히 유리된 지식 체계에 도달할 수 있기 때문이었을 것이다. 실증적 지식은 신이나 나를 언급하지 않고도 형식화할 수 있으며, 이는 신-세계-나의 기초 구조나 '사유실체'와 '연장실체'와 같은 분할에 의해 이해할 수 있다. 이 시대의 일부 논의를 살펴보면, 실증적 과학의 선구자들 사이에 토의에서 신이나 근본 원인이라는 개념을 꺼내면 안 된다는 명확한 합의가 존재했던 것 같다.

반면 이런 이분법이 가지는 난점은 처음부터 명백했다. 예를 들어 '사유실체'와 '연장실체'를 분리한 이상, 데카르트는 모든 동물을 '연장실체' 쪽으로 완전히 밀어 넣을 수밖에 없었다. 따라서 동식물은 본질적으로는 기계와 다를 바 없는 존재가 되어, 그 모든 행동은 유물론적 원인에 의해 결정되는 것으로 간주되었다. 그러나 동물 속에 일종의 영혼이 존재하지 않는다고 완전히 부인하는 것은 꽤나 어려운 일이었고, 옛날의 영혼 개념, 이를테면 토마스 아퀴나스 철학 쪽이 데카르트의 '연장실체' 개념보다 훨씬 자연스러워 보이는 결과를 낳았다. 물리와 화학 법칙을 생명체에 완벽하게 적용할 수 있다는 사실을 알아도 이는 달라지지 않는다. 데카르트의 관점이 훗날 가져온 결론은, 동물을 단순한 기계로 취급할 수 있다면 인간도 동일하다고 생각할 수밖에 없다는 것이었다. '사유실체'와 '연장실체'가 본질적으로 완전히 다른 것이라 간주해 버리면 서로 상호 작용을 하는 일은 사실상 불가능해 보인다. 따라서 정신의 경험과 육체의 경험이 완벽한 병렬 상태를 유지하도록 만들기 위해, 정신적 작용 또한 물리나 화학의 법칙에 대응하는 모종의 법칙을 따르게 할 수밖에 없었던 것이다. 여기서 '자유의지'의 존재 가능성이라는 문제가 등장한다. 지금까지 토의한 내용은 상당히 작위적이며 데카르트의 이분법이 가지는 심각한 결함을 명백하게 드러내 보여준다.

반면 이렇게 분리된 자연과학은 이후 몇 세기 동안 놀라운 성공을 거두었다. 뉴턴 역학과 다른 모든 고전 물리학은 신이나 우리 자신을 언급하지 않고도 세계를 묘사할 수 있다는 가정에서 출발하여 세계를 그려냈다. 이내 이런 가정은 자연과학 전반에서 필수적인 조건이 되었다.

그러나 이제 양자론 덕분에 이런 상황이 어느 정도는 바뀌었으므로, 이제 데카르트의 철학 체계를 지금 이 순간의 현대 물리학과 비교해 볼 필요가 있을 것이다. 양자론의 코펜하겐 해석에서 우리를 개인으로 치부하지 않는 것은 가능하지만 자연과학 자체가 인간에 의해 구성된 학문이라는 사실을 배제할 수는 없다고 앞에서 이미 지적한 바 있다. 자연과학은 단순히 자연을 기술하고 설명하는 행위가 아니라, 자연과 우리 사이의 상호 작용의 일부를 표현하는 행위다. 자연과학은 우리의 질문 방법에 의해 노출되는 자연의 일부를 기술하기 때문이다. 이는 데카르트 본인은 생각해 보지 못한 가능성이겠지만, 결국 세계와 나의 명확한 구분을 불가능하게 만든다.

아인슈타인처럼 저명한 과학자조차 양자론의 코펜하겐 해석을 이해하고 납득하는 일에 어려움을 겪었던 이유를 추적하다 보면, 우리는 결국 이 난점의 근원이 데카르트의 이분법에 있다는 사실을 발견하게 된다. 데카르트의 이분법은 이어진 3세기 동안 인간의 정신에 깊이 스며들었기 때문에, 현실을 근본적으로 다른 관점에서 인식하게 되려면 앞으로 오랜 시간이 필요할 것이다.

데카르트 이분법이 '연장실체'를 이해할 때 견지하는 입장은 형이상학적 실재론이라 할 수 있을 것이다. 세계, 즉 연장된 사물은 '존재한다'. 이런 용어를 사용하는 것은 실질적 실재론, 그리고 이후 기술할 다른 형태의 실재론과 구분하기 위한 것이다. 우리는 특정 명제의 내용을 제반 환경의 영향을 받지 않는 상태에서 입증할 수 있다면 그 명제를 '객관화'했다고 말한다. 실질적 실재론에서는 이렇게 객관화 가능한 명제들이 존재하며, 사실 우리의 일상생활의 대부분은 그런 명제들로 이루어져 있다고 가정한다. 교조적 실재론에서는 물질세계에는 객관화될 수 없는 명제란 존재하지 않는다고 말한다. 실질적 실재론은 항상 자연과학의 필수적인 일부로서 기능해 왔으며, 앞으로도 그 사실은 변하지 않을 것이다. 그러나 교조적 실재론은 지금 살펴본 것처럼 자연과학의 필요조건이 아니다. 그러나 적어도 과거에는 과학 발전에 있어 매우 중요한 역할을 수행해 온 것이 사실인데, 실제로 고전 물리학의 관점은 사실 교조적 실재론이기도 하다. 우리는 양자론을 마주한 다음에야 교조적 실재론이 없이도 엄밀한 과학을 추구할 수 있음을 깨닫게 된 것이다. 아인슈타인은 교조적 실재론에 기반을 두고 양자론을 비판했다. 이는 매우 자연스러운 현상이다. 연구 작업에 매진하는 과학자라면 누구든 객관적인 진실을 추구하고 있다고 생각하게 마련이다. 과학자의 진술은 입증 가능한 상황에 따라 달라져서는 안 되는 것이다. 특히 물리학에서는, 단순한 수학 법칙에 따라 자연을 설명할 수 있다는 사실은 곧 우리가 기술하는 대상이 실제 현실의 일부며, 과학자가 멋대로 꾸며낸 것이 아니라는 증거가 된다. 아인슈타인이 자연과학의 기반으로 교조적 실재론을 받아들였을 때의 상황은 이런 것이었다. 그러나 양자론 그 자체는 이런 기반 없이도 자연을 단순한 수학 법칙으로 나타낼 수 있다는 하나의 예시가 된다. 물론 여기서 사용하는 법칙들은 뉴턴 역학과 비교하면 별로 단순하지 않아 보일지도 모른다. 그러나 설명해야 하는 현상이 엄청나게 복잡한 것을 감안한다면 (예를 들어, 복잡한 구조의 원자에서 찾아볼 수 있는 선스펙트럼 등) 양자론의 수학 공식은 비교적 단순하다고 할 수 있다. 교조적 실재론 없이도 자연과학은 가능한 것이다.

형이상학적 실재론은 '실제로 존재하는 것'에 대해 언급함으로서 교조적 실재론보다 한 단계 더 나간다. 이는 사실 데카르트가 '신이 우리를 속였을 리 없다'는 주장을 하면서 증명하려 했던 내용이다. 사물이 실제로 존재한다는 명제는 교조적 실재론의 명제와는 다른데, 여기서 '존재한다'라는 단어는 '나는 생각한다, 고로 나는 존재한다'는 명제와 동일한 방식으로 사용된 것이기 때문이다. 그러나 이 시점에서 이런 용례가 교조적 실재론의 이론과 어떤 면에서 다른지를 파악하는 것은 쉬운 일이 아니며, 결국 데카르트가 자신의 철학의 탄탄한 주춧돌로 생각한 '나는 생각한다, 고로 나는 존재한다'라는 명제의 일반적 분석이 필요해진다. 이 명제에서 '생각한다cogito'와 '존재한다sum'가 일반적인 방식으로, 보다 정확하고 엄밀하게 말하자면 모든 단어가 명제를 구성할 경우와 같은 식으로 정의될 경우 이 명제 전체는 수학의 해답처럼 확실성을 가지게 된다. 그러나 이런 분석만으로는 '생각'과 '존재'라는 개념을 어디까지 밀어붙일 수 있을지 전혀 알 수가 없다. 결국 언제나 우리의 개념을 어디까지 적용할 수 있는가라는 매우 일반적인 경험적 질문에 도달하게 되는 것이다.

형이상학적 실재론의 난점은 데카르트 이후 얼마 지나지 않아 드러났으며, 이는 경험주의 철학, 즉 감각론과 실증주의 철학의 시발점이 되었다.

초기 경험주의 철학의 대변인으로 간주할 수 있는 세 명의 철학자는 로크, 버클리, 흄이다. 로크는 데카르트와는 반대로 경험을 통해 모든 지식을 획득할 수 있다고 주장했다. 여기서 경험이란 우리 정신의 작용을 통한 감각 및 지각 과정도 포함된다. 따라서 로크는 지식을 양쪽 관념에 대한 일치 또는 불일치를 지각하는 과정이라 간주한다. 다음 단계를 개척한 사람은 버클리였다. 만약 우리의 지식이 지각에서 온 것이라면, 사물이 실존한다는 명제에는 아무런 의미도 없다. 일단 지각이 가능하다면 그 대상이 존재하는지 여부는 아무것도 달라지게 할 수 없기 때문이다. 따라서 지각 가능하다는 명제는 존재한다는 명제와 같은 뜻이 된다. 이런 계열의 주장은 훗날 흄의 극단적인 회의론으로 이어지는데, 그는 귀납법과 인과론을 부정하며, 따라서 받아들일 경우 모든 실증적 과학의 기반을 파괴할 수 있는 결론에 도달했다.

경험주의 철학에서 말하는 형이상학적 실재론에 대한 비판은 물론 '존재'라는 모호한 표현에 대한 경고로서 사용될 때에는 당연히 정당한 것이다. 이 철학 사조의 경험적 명제 또한 같은 논점에서 비판할 수 있다. 우리의 감각은 색 또는 소리의 근원을 한데 모은 것이 아니다. 우리가 지각하는 존재는 이미 하나의 특수한 사물로 받아들여지며, 따라서 여기서 현실의 궁극적 요소로서 사물 대신 지각을 도입한다고 해서 딱히 달라질 일은 없을 것이다.

현대 실증주의 철학에서는 이런 근본적 난점을 명확히 인지하고 있다. 이 사조에서는 '사물' '지각' '존재'와 같은 모호한 용어의 사용을 비판한다. 하나의 문장이 의미를 가지기 위해서는 항상 철저하게 비판적으로 분석해야 한다는 일반적 공리를 따르기 때문이다. 이 공리와 그 아래 숨은 사고방식은 결국 수학 논리에서 출발한 것이다. 이 사조에서 자연과학의 방법론은 현상에 기호를 붙이는 과정으로 간주한다. 이런 기호는 수학에서처럼 특정한 규칙에 따라 조합할 수 있기 때문에, 이 방법을 사용하면 현상에 대한 명제를 기호의 조합으로 나타낼 수 있다. 그러나 규칙을 따르지 않는 기호의 조합은 틀린 것은 아니지만 동시에 아무런 의미를 가질 수 없게 된다.

이런 주장의 문제는 명백한데, 특정 문장을 의미가 없다고 판단할 만한 보편적 기준이 존재하지 않는다는 것이다. 명확한 결정을 내리는 일은 그 문장이 개념과 공리로 구성된 닫힌 공리계 안에 존재할 때만 가능한데, 이런 경우는 자연과학의 발전 과정을 고찰해 보면 규칙이라기보다는 예외라 하는 편이 나을 것이다. 과학사를 살펴보면 가끔 특정 문장이 의미가 없다는 추측이 중요한 발전으로 이어진 경우가 등장하는데, 이는 그 문장에 의미가 있다면 불가능했을 새로운 연결 관계가 가능해지기 때문이다. 양자론에서 예를 들자면 앞에서 언급한 바 있는 '전자가 어떤 궤도를 그리며 핵 둘레를 공전하는가?'가 있을 것이다. 그러나 대부분의 경우, 수학 논리에서 가져온 실증주의의 잣대는 자연을 기술할 때는 너무 협소하며, 결국 모호하게 정의되는 단어와 개념을 사용할 수밖에 없게 된다.

모든 지식이 결국 경험에 기반을 두고 있다는 철학 명제는 결국 자연에 대한 모든 기술을 논리적으로 명확히 해야 한다는 가정을 필요로 한다. 이런 가정은 고전 물리학의 시대에는 옳은 것이 될 수 있었으나, 양자론이 등장한 이후 우리는 그런 가정을 만족시킬 수 없다는 사실을 알게 되었다. 예를 들어, 전자의 '위치'와 '속도'는 그 의미와 연관 관계가 완벽하게 특정되어 있는 것으로 보이며, 사실 뉴턴 역학의 수학적 얼개 안에서 볼 때는 명확하게 정의된 개념이기도 하다. 그러나 불확정성의 관점에서 보면 그렇게 명확하게 정의되어 있다고는 말할 수 없는 것이다. 또는 뉴턴 역학에서 위치를 고려할 때는 명확하게 정의되어 있으나, 자연계에서 위치를 고려할 때는 그렇지 않다는 식으로도 말할 수 있을 것이다. 이는 자연의 특정 분야, 즉 가장 섬세한 도구를 사용해야만 관찰할 수 있는 미지의 영역으로 지식을 확장할 때는, 실제로 발을 들이기 전까지는 특정 개념에 대해 어떤 식으로 제약이 가해질지 알 수 없다는 사실을 명확하게 보여준다. 따라서 장막을 뚫고 들어가는 과정에서는 결국 아직 제대로 정의되지 않아 의미가 명확하지 않은 개념을 사용할 수밖에 없는 것이다. 논리적으로 완벽한 명징성을 상정하려 애쓴다면 결국 과학은 존재할 수 없게 될 것이다. 여기서 우리는 '실수를 입에 담으려 하지 않는 자는 결국 벙어리가 된다'는 옛 속담이 현대 물리학에도 적용된다는 사실을 알 수 있다.

칸트는 두 개의 사조, 즉 데카르트의 사조와 로크와 버클리의 사조의 결합을 시도했고, 여기서 독일 관념론이 탄생했다.

그의 철학 중 현대 물리학의 결과와 비교해서 중요한 의미를 가지는 부분은 『순수이성비판』 속에 집약되어 있다. 그는 지식을 경험에 의해서만 획득할 수 있는지, 아니면 다른 근원에서 가져올 수 있는지 질문한 다음, 우리의 지식이 부분적으로는 경험으로부터 유추한 것이 아니라 '선험적a priori'이라는 결론에 도달한다. 따라서 그는 '실증적' 지식과 '선험적' 지식을 구분하며, 동시에 '분석적analytic' 명제와 '종합적synthetic' 명제도 구분한다. 분석적 명제는 단순히 논리를 통해 만들어진 것으로, 이를 거부하면 자기모순에 이르게 된다. '분석적'이 아닌 명제는 '종합적'인 것이라 부른다.

그렇다면 칸트가 말하는 '선험적' 지식이란 어떤 것인가? 칸트는 모든 지식이 경험에서 출발한다는 점에는 동의하지만, 모든 지식이 경험에서 유도되는 것은 아니라고 덧붙인다. 경험이 특정 사물이 이런저런 성질을 가지고 있다고 가르쳐 줄 수 있다는 것은 사실이지만, 그 대신 다른 성질이 존재하지 않는 이유는 알려주지 않는다. 따라서 명제에 이런 필연성을 부여하기 위해서는 '선험적' 지식이 필요하다. 경험만으로는 정의에 완벽한 보편성을 부여하는 것이 불가능하다. 예를 들어, '매일 아침 해가 뜬다'라는 문장은 과거에는 이 법칙에 위배되는 경우가 존재하지 않았으며 미래에도 법칙이 유지될 것이라 기대한다는 의미를 가진다. 그러나 우리는 이 법칙이 어긋나는 경우를 상상할 수 있다. 따라서 정의에 완벽한 보편성을 부여하려면, 즉 예외를 상상하는 일이 불가능하려면, '선험적' 지식이 되어야만 하는 것이다. 분석적 정의는 항상 '선험적'이다. 조약돌을 가지고 놀면서 산수를 배우는 아이조차도 '2 더하기 2가 4다'라는 사실을 깨닫기 위해 경험으로 돌아갈 필요는 없다. 반면 실증적 지식은 종합적이다.

그러면 종합적 지식이 선험적인 경우가 가능할까? 칸트는 이를 증명하기 위해 위에서 언급한 항목을 만족시키는 것처럼 보이는 실례를 들려 한다. 그는 공간과 시간이 순수한 직관에 의한 선험적 형태라고 말한다. 공간의 경우, 그는 다음과 같은 형이상학 논변을 펼친다.

1. 공간은 다른 여러 경험에서 도출한 실증적 개념이 아니다. 여기서 공간이란 감지되는 외부의 존재를 상정한 개념이며, 외부 경험이란 공간이 존재해야만 가능하기 때문이다.

2. 공간은 다른 모든 외부 지각의 기본 가정인 필수 조건이며, 따라서 선험적이다. 공간이 없는 경우는 상상할 수 없기 때문이다. 우리는 상상할 수 있는 것은 기껏해야 아무것도 존재하지 않는 공간 정도다.

3. 공간은 보편적인 사물의 관계에서 추론하거나 보편적인

형식으로 형성해 낸 개념이 아니다. 공간은 단 하나만이 존재하며, 우리가 보통 말하는 복수의 공간이란 개별 경우가 아니라 전체 공간의 부분을 뜻하는 것이기 때문이다.

4. 공간은 무한한 규모로 존재하는 것으로 간주되며, 그 안에 여러 다양한 부분 공간을 포함하고 있다. 이 관계는 개념과 실증의 관계와는 다른 것이며, 따라서 공간은 개념이 아니라 일종의 직관이라 할 수 있다.

이 주장에 대한 논변은 여기서 다루지 않을 것이다. 여기서 이런 내용을 언급하고 넘어가는 이유는 칸트가 선험적인 종합적 명제를 염두에 두고 있었다는 전반적인 증거를 제시하기 위한 것이다.

물리학에서 칸트는 공간과 시간 외에도 인과율과 물질이라는 개념도 선험적이라 생각했다. 훗날의 저작에서 그는 물질보존의 법칙, 작용과 반작용의 등가성, 중력의 법칙까지도 여기에 포함시키려 했다. '선험적'이라는 표현이 칸트가 말한 것처럼 절대적인 의미를 가지는 것이라면, 여기까지 칸트의 뜻을 받들려 드는 물리학자는 아무도 없을 것이다. 수학에서 칸트는 유클리드 기하학을 '선험적'이라고 받아들였다.

이런 칸트의 교리를 현대 물리학의 성과와 비교하기에 앞서, 일단 나중에 언급해야 하는 그의 다른 저작을 짚어 보기로 하자. 경험주의 철학의 시발점이 된 '사물이 실제로 존재하는가'라는 난해한 질문은 칸트의 철학 체계에서도 등장한다. 그러나 칸트는 자신의 철학과 논리적으로 일관성을 지니는 버클리와 흄의 사조를 따르지 않았다. 그는 '물자체'가 감각과는 다르다는 자세를 견지했고, 이런 면에서 그의 철학은 실존주의와 공통점을 가진다.

이제 칸트의 교리를 현대 물리학과 비교해 보자면, 첫눈에도 그의 '선험적인 종합적 명제'라는 중심 개념이 우리 세기에 이루어진 여러 발견들로 인해 완전히 파괴되었다는 사실을 알 수 있다. 상대성이론은 공간과 시간에 대한 관점을 바꾸어서, 시공간의 완전히 새로운 성질을 드러내 보였다. 순수한 직관으로 이루어진 선험적 형식에서는 이런 성질을 찾아볼 수 없다. 양자론의 세계에서는 인과율이 적용되지 않으며, 기본 입자에는 물질 보존의 법칙 또한 진실이 아니다. 칸트가 이런 새로운 발견을 예측할 수 없었다는 점은 분명하지만, 그는 자신의 개념들이 '훗날 과학이라 불리게 될 미래의 형이상학의 근간'이 될 것이라 확신하고 있었으니, 여기서 그의 주장이 어디서 틀렸는지를 확인해 보는 일도 흥미로울 것이다.

인과율의 법칙을 예로 들어 보자. 칸트는 사건을 관찰할 때마다 우리가 그 앞에 존재했던 사건을 가정하며, 그 사건에서 특정 법칙을 따라 현재 사건이 일어날 것이라 간주하게 된다고 말하고, 이를 모든 과학 연구의 근본이 되는 논리라고 정의했다. 이 논변에서는 특정 사건의 원인이 되는 사건을 항상 확인할 수 있는지는 중요하지 않다. 여러 경우에 원인이 되는 사건을 발견할 수 있는 것은 사실이지만, 설령 찾지 못한다 해도 과거의 어떤 사건이 원인이 되었을지 질문하고 탐구하는 일을 막을 수는 없다. 따라서 인과율은 결국 과학 연구의 방법론으로 환원되며, 과학의 존재를 가능케 하는 필요조건이 된다. 실제로 그런 방법론을 적용하는 이상, 인과율의 법칙은 '선험적'이며 경험에서 얻어낸 것이 아니다.

원자물리학에서도 이 명제가 진실일까? 알파선 입자를 방출하는 라듐 원자 하나를 예로 들어 보자. 원자 하나가 알파선 입자를 방출하는 기간은 명확하게 예측할 수 없으며, 그저 방출이 평균적으로 약 2천 년 동안 일어날 것이라 말할 뿐이다. 따라서 방출 현상을 관찰할 때, 우리는 알파선 방출이 따라야 하는 법칙을 이용해 원인이 되는 사건을 찾으려 들지 않는다. 물론 순수하게 논리적인 입장에서 보면 명확한 원인이 되는 사건을 찾는 일이 가능할 수도 있으며, 아직 발견하지 못했다고 해서 좌절할 필요는 없을 것이다. 그렇다면 칸트 이후에 가장 기본적인 질문에 대한 과학의 방법론이 근본적으로 변화하게 된 이유는 무엇일까?

이 질문에는 두 가지로 대답할 수 있을 것이다. 한 가지 답변은, 우리가 경험에 의거해 양자론의 법칙이 옳다는 것을 확신하게 되었으며, 그로 인해 특정 시간에 일어나는 방출의 원인이 되는 과거의 사건을 찾는 일이 불가능하다는 것을 깨닫게 되었다는 것이다. 다른 답변은, 우리가 과거의 사건을 알고는 있으나 완벽히 정확하게는 알지 못한다는 것이다. 우리는 원자핵 속에 존재하는 힘이 알파선 입자의 방출의 원인이라는 사실을 알고 있다. 그러나 이 지식에는 핵과 주변 세계의 상호작용에 의해 도입된 불확정성이 존재한다. 특정 시간에 알파선 입자가 방출되는 이유를 알고 싶다면, 우리 자신을 포함한 전 세계의 미소 구조를 알아야 하는데, 이는 불가능한 일이다. 따라서 인과율이 선험적이라는 칸트의 주장은 더 이상 적용되지 않는다.

시공간이라는 개념이 직관의 한 형태이며 따라서 선험적이라는 주장에 대해서도 비슷한 논의가 가능하다. 결과는 역시 동일할 것이다. 칸트가 절대적 진실이라 생각한 선험적 개념은 더 이상 현대 물리학의 과학 체계에 포함될 수 없다.

그러나 선험적 개념은 조금 다른 형태로 여전히 과학 체계의 필수적인 구성 요소로 존재한다. 양자론의 코펜하겐 해석을 논의하면서 실험 기구를 기술하거나 실험 대상에 속하지 않는 나머지 세계를 기술할 때에는 고전 개념을 사용하게 된다고 거듭 강조한 바 있다. 이런 개념 중에는 시공간이나 인과율도 포함되며, 원자 단위의 사건을 관찰할 때의 조건으로서 존재하는 이런 개념은 사실상 '선험적'인 성질을 지닌다. 칸트가 예측하지 못한 것은 선험적 개념이 과학의 필수 조건으로 적용되는 범위에 한도가 존재할 수 있다는 것이었다. 실험을 할 때 우리는 특정 원자 단위의 사건에서 측정 도구를 거쳐 관찰자의 눈까지 도달하는 일련의 인과관계를 가정한다. 이런 가정을 하지 않으면 원자 단위의 사건에 대해서 아무것도 알 수 없기 때문이다. 그러나 동시에, 우리는 고전 물리학과 인과율이 적용되는 범위에 한도가 있다는 것을 항상 염두에 두어야 한다. 이는 칸트가 미처 예측하지 못한 양자론의 본질적인 역설이다. 현대 물리학은 칸트가 주장하는 선험적인 종합적 명제를 형이상학적 명제에서 실용 속의 명제로 바꾼 것이다. 따라서 선험적인 종합적 명제는 상대적 진리라는 성질을 지니게 된다.

칸트의 '선험적'이라는 성질을 이런 식으로 재해석하면, 물질과 감각을 분리해서 생각할 이유가 없어진다. 고전 물리학에서와 마찬가지로, 관찰할 수 없는 사건 또한 관찰 가능한 사건과 마찬가지로 다룰 수 있는 것이다. 따라서 실질적 실존주의는 자연스럽게 이런 재해석의 일부로 흡수된다. 칸트 철학의 '물자체'를 놓고, 칸트는 우리가 '물자체'에 대한 감각으로부터는 어떤 결론도 내릴 수 없다고 지적했다. 바이츠제커가 말한 대로, 이 주장은 형식적인 측면에서 원자 단위의 물질이 보이는 고전적이지 않은 행동을 고전적 개념으로 표현하는 것이 가능하다는 사실과 유사하다. 따라서 원자물리학자는 이 '물자체'를 수학 공식의 형태로 만들 수 있으나, 그 구조는 칸트의 생각과는 달리 경험으로부터 간접적으로 유추한 것일 뿐이다.

이렇게 칸트의 '선험적' 지식을 재해석하는 일은 아주 먼 옛날 일어난 인간 정신의 발전이라는 경험과 간접적으로 연결되어 있다. 이런 착상을 따라, 생물학자인 로렌츠*는 '선험적' 개념을 동물의 형태 또는 행동에서 찾아볼 수 있는 '획득형질과 유전형질' 개념과 비교했다. 사실 일부 원시적인 동물들이 받아들이는 시공간은 칸트가 말하는 '순수한 직관'에 의거한 우리의 시공간 개념과 다를 가능성이 충분하다. 후자는 '인간'이라는 생물종에만 속하는 것이지, 인간과 관계없는 자연계에는 통용되지 않을 수도 있는 것이다. 하지만 생물학에 의거해 '선험적' 개념에 대한 논리를 펼쳐나가는 것은 지나치게 가설에 의존하는 것으로 보인다. 여기서 이런 내용을 굳이 언급한 이유는 '상대적 진리'라는 용어를 칸트의 '선험적' 개념과 연관해

---

* Konrad Zacharias Lorenz (1903~1989). 오스트리아의 동물행동학자. 본능과 각인에 대한 연구를 비롯한 다양한 업적으로 노벨 생리·의학상을 수상했다.

설명할 수 있다는 예시를 보이고자 한 것뿐이다.

이 장에서 우리는 현대 물리학을 예시 또는 모델로 이용해 과거의 중요한 철학 체계 중 일부의 결과를 살펴보았다. 물론 철학은 훨씬 넓은 분야에 적용 가능하다는 점을 잊지 말아야 할 것이다. 특히 데카르트와 칸트 철학을 논의하면서 배운 내용은 다음과 같은 식으로 정리할 수 있을 것이다.

과거에는 세계와 우리 자신의 상호 작용에 의해 정립된 개념 또는 용어가 의미상으로 명확하게 정의되지 않았다. 그 말은 곧 그런 개념과 용어를 사용해 세계를 해석할 때 정확히 어디까지 나갈 수 있는지를 알 수 없다는 뜻이다. 우리는 종종 이런 개념과 용어가 내적 또는 외적 경험에서 더 넓은 범주에 적용될 수 있다는 것을 알고 있지만, 실질적으로 그 적용 한도를 정확하게 알 수는 없다. 이는 '존재'나 '시공간'처럼 아주 간단하고 보편적인 개념의 경우에도 마찬가지다. 따라서 순수한 이성을 따라 절대적인 진리에 도달하는 일은 불가능할 것이다.

그러나 이런 개념은 연관 관계 속에서는 명확하게 정의될 수 있다. 이는 개념이 수학 공식으로 일관적으로 표현할 수 있는 공리와 정의 체계의 일부가 될 때 발생하는 일이다. 이렇게 서로 연결된 개념의 묶음은 보다 넓은 경험 분야에 적용 가능하며, 탐구 과정을 도와줄 수도 있다. 그러나 그 적용의 한계는, 적어도 일부 분야에서는 여전히 명확하게 알 수가 없다.

개념의 의미가 명확하게 정의될 수 없다고는 해도, 그런 개념 중 일부는 과학 방법론의 필수적인 부분을 구성하게 되는데, 현재에 그런 개념은 과거(아주 먼 과거일지라도)에 있었던 인간 사상 발전의 최종 결과를 표현하기 때문이다. 그중에서 일부는 그대로 계승되어 현대의 과학 연구를 할 때에도 필수적인 도구로 사용되기도 한다. 이런 개념들은 어떻게 보면 실용적인 측면에서 선험적 개념이라 할 수 있다. 그러나 훗날에는 현재의 지식 수준으로는 파악할 수 없는 새로운 개념의 적용 한계가 발견될지도 모르는 일이다.

6.
양자론과 기타 자연과학의 관계

자연과학의 개념이 때로는 관계에 의해 명확하게 정의되기도 한다는 사실은 이미 앞에서 언급한 바 있다. 이런 가능성이 처음 현실로 드러난 것은 후대에 자연과학의 발전에 막대한 영향을 끼친 뉴턴의 『프린키피아』에서였다. 뉴턴은 『프린키피아』에서 서로 연결되어 있는 일군의 정의와 공리를 이용하여 탐구를 시작했는데, 이들의 관계는 '닫힌 계'라고 불러도 무방할 정도였다. 각각의 개념에는 수학 기호가 배정되었고, 서로 다른 개념 사이의 연결은 기호를 이용한 수학 방정식이라는 형태로 제시되었다. 체계가 가지는 수학적 안정성 덕분에 공리계에서는 내적 모순이 발생하지 않는다. 이런 방식을 사용하면 작용하는 힘에 의한 물체의 운동을 방정식의 해라는 형태로 표현하는 것이 가능하다. 수학 방정식의 형태로 서술할 수 있는 정의와 공리로 이루어진 닫힌 계는 자연의 영속적인 구조를 기술하는 것으로, 특정 시간 또는 공간의 영향을 받지 않는 것으로 간주되었다.

공리계 안에서 서로 다른 개념들은 너무도 긴밀하게 연결되어 있어서, 전체 계를 부수지 않고는 개념 하나를 따로 바꿀 수 없을 정도였다.

바로 이런 이유 때문에, 뉴턴의 역학계는 오랫동안 최종적 형태로 생각되었으며, 후대의 과학자들에게 남은 일은 그저 뉴턴 역학을 보다 넓은 경험의 영역으로 확장하는 것뿐이라 간주되었다. 사실 이후 2세기 동안 물리학은 이런 방향으로 발전해 왔다.

질량을 가진 물체의 운동 법칙에서 고체역학이 탄생하고, 여기서 회전운동으로, 그리고 유체의 지속 운동이나 탄성체의 진동 운동으로 이어진다. 이 모든 역학 또는 동역학은 수학, 특히 미분법의 발전과 밀접한 연관을 가지며 천천히 발전해 왔으며, 그 결과를 실험을 통해 검증하는 작업이 반복되었다. 음향학과 수력학은 역학의 일부가 되었다. 뉴턴 역학이 적용된 다른 과학 분야는 당연하게도 천문학이었다. 수학 방법론의 발달은 차츰 행성의 움직임과 그 상호 작용을 더욱 엄밀하게 예측할 수 있도록 만들어 주었다. 전기와 자기라는 현상이 발견되자, 과학자들은 전자기력과 중력을 비교하며 새로운 힘의 물체에 대한 작용을 뉴턴 역학의 방법론에 따라 연구하게 되었다. 마침내 19세기에 이르러서는 열에 대한 이론조차 열이 가장 작은 물질 단위의 복잡한 확률적 움직임으로 구성되어 있다는 가정을 통해 역학으로 환원하기에 이르렀다. 확률 이론과 뉴턴 역학의 개념을 조합해서, 클라우지우스, 깁스, 볼츠만은 열 이론의 기본 법칙을 매우 복잡한 역학계에 적용할 경우 뉴턴 역학에 따라 통계 법칙으로 해석할 수 있다는 사실을 증명해 보였다.

이 지점에 이르기까지 뉴턴 역학이 세운 방법론은 일관적으로 수행되어 폭넓은 경험 분야를 이해하도록 해 주었다. 그러나 패러데이와 맥스웰의 연구에서 전자기 역장을 논의하던 과정에서 처음으로 난점이 등장했다. 뉴턴 역학에서 중력은 항상 존재한다고 간주할 뿐, 그 이상 이론적 탐구의 대상이 되지는 못했다. 그러나 패러데이와 맥스웰의 연구에서는 역장 자체가 탐구의 대상이 되었다. 물리학자들은 시공간에 대한 함수로서 이 역장이 어떻게 변하는지를 알고 싶어진 것이다. 따라서 그들은 역장이 작용하는 대상 물체 대신 역장 자체에 대한 운동 방정식을 세우려 했다. 이런 변화는 뉴턴 이전의 수많은 과학자들이 가지고 있던 관점으로 돌아가는 것이었다. 즉 두 물체가 서로 간섭해야, 이를테면 충돌과 마찰과 같은 식으로 상호 작용을 거쳐야 운동이 한쪽에서 다른 쪽으로 옮겨갈 수 있다는 생각이었다. 뉴턴은 여기에 원거리에서 작용하는 힘이라는 새롭고 기묘한 가설을 도입했다. 새롭게 등장한 역장 이론은 과거의 관점으로 돌아가는 셈인데, 운동은 하나의 점에서 이웃 점으로만 전달될 수 있으며, 미분 방정식을 통해 역장의 성질을 기술해야만 예측이 가능하기 때문이다. 사실 이는 충분히 가능한 일이었고, 따라서 맥스웰 방정식으로 전자기 역장을 기술한 결과는 힘이라는 문제에 대한 만족스러운 해답을 제시하는 것으로 보였다. 뉴턴 역학의 방법론에 진정한 변화가 도래한 것이다. 뉴턴의 공리와 정의는 물체와 그 물체의 운동에 대한 것이었다. 그러나 맥스웰에 이르러 역장이라는 새로운 개념이 뉴턴 이론의 물체만큼이나 명확한 현실성을 가지게 된 것이다. 물론 과학자들은 이런 관점을 쉽사리 받아들이지 못했으며, 현실성이라는 개념에 이 정도로 극적인 변화를 가져오기보다는 다른 대체재를 제안하는 편이 나아 보인다고 생각했다. 그로 인해 전자기 역장은 탄성 변형이나 압력과, 맥스웰의 광파는 탄성체 안의 음파와 비교하게 되었다. 이렇게 해서 많은 물리학자들은 맥스웰 방정식이 사실 탄성을 가지는 매질의 변형을 나타낼 뿐이라고 간주하고 이를 에테르라 불렀다. 여기서 에테르라는 호칭은 그 매질이 너무 가볍고 희박해서 다른 물질을 투과할 수 있으며 보이거나 감지할 수 없다는 사실을 표현하기 위해 붙인 것일 뿐이었다. 그러나 종파 형태의 광파가 존재하지 않는다는 사실을 설명할 수 없는 이상, 이 설명은 그리 만족스럽지 못할 수밖에 없었다.

마침내 다음 장에서 설명할 상대성이론이 등장해서 맥스웰 방정식을 적용하기 위해 도입한 에테르라는 물질의 개념을 버려야만 한다는 사실을 증명해 보였다. 여기서 그런 논의를 설명할 수는 없으니, 그 결과 역장을 독립적인 실체로 간주해야 할 필요성이 생기게 되었다는 점만 알아두도록 하자.

특수 상대성이론을 깊이 파고든 결과 시공간이 가지는 새로운 성질이라는 더욱 놀라운 결과물이 등장하게 되었다. 공간과 시간 사이에 지금까지 알려지지 않은, 그리고 뉴턴 역학으로는 해석할 수 없는 관계성이 존재한다는 사실이 밝혀진 것이다.

이런 완전히 새로운 상황의 영향을 받아, 많은 물리학자들은 제법 성급한 결론에 도달했다. 뉴턴 역학이 틀렸음이 마침내 입증되었다는 결론을 내린 것이다. 기본 현실은 물체가 아니라 역장이며, 시공간의 구조를 제대로 기술하기 위해서는 뉴턴의 공리가 아니라 로렌츠와 아인슈타인의 방정식을 사용해야 한다는 주장이 대두했다. 뉴턴 역학은 여러 경우에 제법 정확한 근사치를 제공해 주지만, 이제는 자연을 더욱 명확하게 기술하기 위해 개량을 할 필요가 생겼다는 이야기가 오갔다.

이런 관점을 거쳐 양자론에 도달한 입장에서 돌이켜보면, 이런 주장 또한 실제 상황을 기술하기에는 매우 부족해 보인다. 첫째로, 이런 관점은 역장을 측정하는 실험이 대부분 뉴턴 역학에 기반을 두고 있다는 사실을 무시하고 있으며, 둘째로, 뉴턴 역학을 개량하는 일은 불가능하기 때문이다. 개량이 아니라 근본적으로 다른 이론으로 대체해야 하는 것이다!

우리는 양자론의 발전을 통해 현상을 기술하려면 다음과 같은 방식을 사용하는 편이 낫다는 점을 배웠다. 자연계의 사건을 기술할 때 뉴턴 역학의 개념을 사용할 수 있는 경우라면, 뉴턴이 구상한 법칙은 정확하게 들어맞으며 더 이상 개량할 수 없다. 그러나 전자기 현상은 뉴턴 역학의 개념으로 적절하게 기술하는 일이 불가능하다. 따라서 전자기 역장과 광파에 관한 실험은, 맥스웰, 로렌츠, 아인슈타인의 이론적 해석과 함께, 개별적인 정의와 공리로 구성된 새로운 닫힌 공리계를 만들어내며 이는 수학 기호로 표현할 수 있다. 뉴턴 역학의 계가 그랬던 것처럼 이 계 또한 내적 일관성을 가지지만, 뉴턴 역학과는 완전히 다른 것이다.

따라서 뉴턴 이래 모든 과학자들이 연구할 때 품던 희망도 변화할 수밖에 없었다. 새로운 현상을 설명할 때 이미 알고 있는 자연의 법칙을 적용하는 일이 항상 과학의 발전으로 이어지지는 않는다는 것이다. 때로는 관찰한 현상을 이해하기 위해서 뉴턴의 개념을 역학에 적용한 것처럼 그 현상에 적합한 새로운 개념을 적용할 필요가 있는 것이다. 이런 새로운 개념들 또한 닫힌 공리계에 연결해서 수학 기호로 표현할 수 있다. 하지만 물리학이, 또는 더 넓은 범주의 자연과학이 이런 식으로 진보한다면, 다른 의문점이 생겨난다. 서로 다른 공리계 사이에는 어떤 연관 관계가 있는가? 예를 들어 서로 다른 두 공리계에 같은 개념이나 용어가 동시에 존재하는데 그 연관 관계나 수학적 표현에 따라 다른 정의를 가진다면, 이런 개념이 현실을 반영한다고 할 수 있는가?

이런 문제는 특수 상대성이론이 발견되자마자 즉시 수면 위로 떠올랐다. 시공간이라는 개념은 뉴턴 역학과 상대성이론 양쪽에 모두 존재한다. 그러나 뉴턴 역학의 시간과 공간 개념은 독립적이다. 반면 상대성이론에서 시간과 공간은 로렌츠 변환에 의해 서로 연결되어 있다. 여기서 특수한 경우, 즉 공리계 안의 모든 속도가 광속에 비해 매우 작을 경우에는 상대성이론의 결과는 뉴턴 역학에 근접한다. 여기서 우리는 광속과 비교할 만큼 충분히 큰 속도가 존재하는 사건에 대해서는 뉴턴 역학의 개념을 적용할 수 없다는 결론을 내릴 수 있다. 뉴턴 역학이 일관된 개념으로도, 또는 역학계를 관찰한 단순한 결과로도 존재할 수 없는 한계가 발견된 셈이다.

여기서 알 수 있듯이, 두 가지 일관된 공리계 사이의 관계는 항상 세심하게 살펴볼 필요가 있다. 닫혀 있으며 일관성을 지니는 공리계들 사이의 일반적인 관계를 살펴보기 전에, 우선 지금까지 물리학에서 정의한 공리계의 종류를 간략하게 짚고 넘어가 보자. 네 개의 공리계가 이미 최종 형태에 도달했다고 할 수 있을 것이다.

첫 번째 공리계인 뉴턴 역학은 이미 논의한 바 있다. 뉴턴 역학은 모든 역학계와 유체의 운동, 그리고 물체의 탄성 진동을 기술할 때 적합하다. 음향학, 정역학, 유체역학도 여기에 속한다.

두 번째 공리계는 19세기에 열 이론을 통해 형성되었다. 열 이론은 통계 역학의 발전에 따라 결국 역학과 연결되었지만, 그렇다고 해서 역학의 일부로 간주하는 일은 적절치 못할 것이다. 사실 열 이론의 현상학에는 다른 물리학의 범주에서 대응하는 내용을 찾아볼 수 없는 여러 개념이 들어가 있다. 이를테면 열, 비열, 엔트로피, 자유 에너지 등이 그렇다. 만약 열을 물질의 원자 구조에 따라 다양한 자유도를 가지는 에너지로 간주해서 이런 현상학적 기술에서 통계적 해석으로 넘어간다면, 열은 더 이상 전자기역학이나 다른 물리학들과 연결되지 않은 것과 마찬가지로 역학과도 아무 연관이 없는 개념이 된다. 이런 해석의 중심은 확률 개념이며, 이는 현상학 이론의 엔트로피 개념과 밀접하게 연관되어 있다. 그 외에도 열의 통계적 이론은 에너지라는 개념을 필요로 한다. 그러나 물리학에서 공리와 개념의 일관성을 지니는 모든 집합에는 에너지, 가

속도, 각운동량이라는 개념과 이들 개념의 양이 특정 조건하에 서는 보존되는 법칙이 포함된다. 그런 일관성을 지니는 집합이 모든 시간과 공간에서 참인 특정 자연의 성질을 기술하고자 한다면 당연한 일이기도 하다. 여기에는 시공간에 따라 달라지 지 않는, 수학자들의 표현으로 하자면 시공간에 따른 임의적인 변환, 즉 공간 내의 회전이나 갈릴레오 또는 로렌츠 변환에 의 해 변화하지 않는 모든 성질이 포함된다. 따라서 열 이론은 기 타 모든 닫힌 공리계와 조합할 수 있다.

세 번째 닫힌 공리계는 전자기 현상에 기원을 두며, 20세기 전반에 로렌츠, 아인슈타인, 민코프스키의 연구를 통해 최종 형태로 완성되었다. 이 계에는 전기역학, 특수 상대성이론, 광 학, 자기학이 들어가며, 어쩌면 온갖 기본 입자의 물질파를 다 루는 드브로이의 이론도 포함할 수 있을 것이다. 그러나 슈뢰 딩거의 파장 이론은 여기에 포함되지 않는다.

일관성을 지니는 네 번째이자 마지막 공리계는 이 책의 처 음 두 장에서 서술한 양자론이다. 양자론 공리계의 기본 개념 은 확률함수, 또는 수학자들의 표현에 따르면 '통계 행렬statis- tical matrix'이다. 여기에는 양자역학과 파동역학, 원자 스펙트 럼 이론, 화학, 그리고 전기 전도나 강자성ferromagnetism과 같 은 물질의 기타 성질에 대한 이론이 포함된다.

이 네 가지 개념군 사이의 관계는 다음과 같은 식으로 표현할 수 있다. 첫 번째 개념군은 광속의 값이 무한히 큰 경우로 한정하면 세 번째 개념군에 포함되며, 플랑크 운동상수가 무한히 작은 경우로 한정하면 네 번째 개념군에 포함된다. 첫 번째 개념군과 세 번째 개념군의 일부는 실험의 기술에 사용하는 선험적 개념으로서 네 번째 개념군에 포함된다. 세 번째와 네 번째 개념군이 개별적으로 존재한다는 점에서 다섯 번째 개념군의 존재 가능성을 확인할 수 있는데, 만약 존재한다면 세 번째와 네 번째 개념군이 다섯 번째 개념군을 한정한 형태가 될 것이다. 언젠가는 기본 입자의 이론과 연관된 이런 다섯 번째 개념군이 발견될 수도 있을 것이다.

이렇게 여러 종류의 개념군을 열거하는 와중에 일반 상대성 이론과 연관된 개념군을 빼놓았는데, 그 이유는 이 개념군이 최종 형태에 도달하지 않았을 가능성이 높기 때문이다. 다만 이 개념군이 다른 네 가지 개념군과는 상당히 다르다는 사실을 강조할 필요가 있을 것이다.

여러 개념군을 가볍게 훑어보았으니, 이제 특정 개념군을 닫힌 공리계로 간주하려면 어떤 성질이 필요한지를 좀 더 보편적인 관점에서 살펴보기로 하자. 아무래도 가장 중요한 것은 일관성 있는 수학적 표현을 찾아낼 수 있는 가능성일 것이다. 이런 수학적 표현은 계 내에 모순이 발생하지 않는다고 보증해 주는 것이어야 한다. 다음에는 계를 이용해 보다 넓은 경험 범주를 기술할 수 있어야 한다. 경험 범주 안에 존재하는 다양한 현상은 수학적 표현의 방정식에서 이끌어낼 수 있는 수많은 해에 대응해야 한다. 경험 범주의 한계는 개념으로부터 이끌어낼 수 있는 것이 아니다. 다른 개념과의 연결 관계 속에서 명확하게 정의되는 개념이라 해도 자연과의 관계에서는 명확하게 정의되지 않는다. 따라서 그 한계는 경험으로부터, 특정 개념이 관찰한 현상을 완벽하게 기술할 수 없다는 사실로부터 이끌어내야 한다.

이렇게 현대 물리학의 구조를 간략하게 분석했으니, 이제 물리학과 다른 자연과학 분야의 관계에 대한 설명을 시도해 보겠다. 물리학의 가장 가까운 이웃은 화학이다. 사실 양자론을 통해 이 두 종류의 과학은 완전히 하나로 융합되었다. 그러나 100년 전까지만 해도 두 과학은 멀리 떨어져 있었으며, 화학의 개념에 대응하는 물리학의 개념은 존재하지 않았다. 원자가, 활량, 용해도, 휘발도와 같은 개념은 물리학의 개념에 비해 정성적인 측면이 강했고, 화학은 엄밀한 과학에 속한다고 보기 힘든 학문이었다. 지난 세기 중반에 열에 대한 이론이 정립되자 과학자들은 그 법칙을 화학 작용에 적용하기 시작했고, 그 이후로 이 분야의 과학적 연구는 모두 화학 법칙을 원자 역학으로 환원하고자 하는 희망을 중심으로 이루어져 왔다. 그러나 이 모든 일이 뉴턴 역학의 틀 속에서는 불가능했으리라는 사실은 강조해 둘 필요가 있을 것이다. 화학의 법칙을 정량적으로 기술하기 위해서는 원자물리학의 개념을 포함하는 훨씬 폭넓은 공리계가 필요하다. 이를 완성한 것은 결국 양자론이었으며, 양자론은 원자물리학만큼이나 화학에도 그 뿌리를 두고 있다. 화학 법칙을 원자에 적용하는 뉴턴 역학으로 환원할 수 없음은 손쉽게 확인할 수 있는데, 화학적 원소의 행동에는 역학계에서는 절대 찾아볼 수 없는 안정성이 존재하기 때문이다. 그러나 1913년 보어의 양자론이 등장하기 전까지는 이 점이 명확하게 이해되지 않았다. 최종 상황을 보자면, 화학의 개념들이 부분적으로는 역학의 개념을 보완해 줬다고도 할 수 있을 것이다. 원자의 가장 낮은 준위의 정상(定常) 상태가 그 성질을 결정한다는 것을 안다면, 우리는 그 순간의 원자 속의 전자의 움직임에 대해서는 말할 수가 없다.

반면 물리학과 화학이 결합한 학문과 생물학 사이의 연관 관계에 대해서는, 100년 전 물리학과 화학 사이의 관계와 비슷하다고 추측할 수 있을 것이다. 생물학의 방법론은 물리학 및 화학과 크게 다르며, 생물학의 개념은 엄밀한 과학에 비해 전반적으로 정성적인 성질이 강하다. 생명, 장기, 세포, 장기의 기능, 감각과 같은 개념에 대응하는 물리학 및 화학의 개념은 존재하지 않는다. 반면 지난 100년 동안 생물학에서 일어난 진보는 생명체에 화학과 물리학을 적용하여 얻어낸 것이며, 우리 시대의 생물학의 풍조는 생물학의 현상을 이미 알려진 물리학 및 화학 법칙에 기반을 두고 서술하는 것이다. 여기서 다시 한 번 이런 희망이 정당한 것인지를 물어볼 필요가 있을 것이다.

화학의 경우와 마찬가지로, 우리는 단순한 생물학적 경험을 통해 생명체가 일정 정도의 안정성을 보인다는 사실을 알고 있다. 생명체는 분명 물리학이나 화학의 법칙만으로는 설명할 수 없는 방식으로 서로 다른 종류의 분자가 얽혀 복잡하게 구성되어 있다. 따라서 생물학의 현상을 완전하게 이해하기 위해서는 물리학과 화학의 법칙에 새로운 내용이 덧붙여져야 할 것이다.

생물학계에서는 종종 이 문제에 대해 극단적으로 다른 두 가지 관점이 논쟁을 벌인다. 한쪽의 관점에서는 다윈의 진화론을 인용하여 현대 유전학을 설명한다. 이 이론에 따르면 생명을 이해하기 위해 물리학과 화학에 덧붙여야 하는 것은 오직 역사성이라는 개념뿐이다. 지구가 생성된 이래 40억 년에 이르는 방대한 시간이 흘렀기 때문에, 다양한 분자 집단들이 거의 무한한 조합을 시도해 보기에 충분했다는 것이다. 이런 구조체 중에서 마침내 주변의 좀 더 작은 분자 집단을 이용해 자신을 복제할 수 있는 존재가 탄생했으며, 그로 인해 그런 구조체는 급격하게 수가 불어나게 된 것이다. 우연으로 구조에 변화가 일어나서 구조체에 다양성이 발생한다. 다양한 구조체가 주변 물질로부터 끌어들이는 재료를 놓고 경쟁을 벌이게 되면, 이런 '적자생존'을 통해 마침내 생명체의 진화가 일어나게 되는 것이다. 이 이론에 아주 많은 양의 진실이 담겨 있다는 점은 의심의 여지가 없으며, 많은 생물학자들은 역사성과 진화라는 개념을 추가하기만 하면 기존의 일관성 있는 물리학 및 화학의 개념만으로 모든 생명 현상을 설명할 수 있을 것이라 주장한다. 이 이론을 변호하기 위해 종종 사용되는 주장은 생명체에 물리학 및 화학 법칙을 적용하면 항상 옳은 결론이 나온다는 것이다. 물리학에 존재하는 힘과 다른 '생명력'이라는 다른 힘이 존재할 자리는 없는 것으로 보인다.

그러나 이런 주장은 양자론이 등장하며 상당히 설득력을 잃게 되었다. 물리학과 화학이 양자론이라는 이름의 일관성 있는 닫힌 공리계를 이루게 된 이상, 이 개념에 연결된 법칙을 사용해 현상을 기술하는 일 또한 유효해야 한다. 따라서 생명체를 물리화학적 현상으로 구성된 하나의 계로 간주하면 당연히 그에 맞는 행동을 보여야 하는 것이다. 첫 번째 관점의 유효성을 확인하는 유일한 방법은 생명체를 물리학 및 화학으로 온전히 기술할 수 있는지를 묻는 것뿐이다. 이 질문에 부정적인 답변을 내린 생물학자들은 이제부터 설명할 두 번째 관점을 견지한다.

두 번째 관점은 다음과 같은 식으로 설명하는 편이 나을 것이다. 감각, 장기의 기능, 감정과 같은 개념이 양자론의 일관된 개념군에 역사성만을 더하는 것으로 발생할 수 있다고 보기는 상당히 힘들다. 그러나 이들 개념은 생명을 온전히 기술할 때는 필수적인데, 이는 생물학을 넘어서는 새로운 문제를 제시하는 인류라는 존재를 배제하고 보아도 마찬가지이다. 따라서 생명을 이해하기 위해서는 양자론을 넘어 새로운 일관성 있는 개념 체계를, 물리학과 화학을 '한정된 경우'로 간주하게 되는 새로운 체계를 구축해야 할지도 모른다. 역사성 또한 그 공리계의 필수적인 요소가 될 것이며, 감각, 적응, 감정과 같은 개념도 그 안에 포함될 것이다. 만약 이 관점이 옳다면 다윈의 이론을 물리학 및 화학에 접목하는 것만으로는 유기 생명을 설명할 수 없다. 그러나 그렇다고 해도 생명체를 어느 정도까지는 물리학 및 화학의 계로, 즉 데카르트와 라플라스가 생각한 기계로 설명할 수 있을 것이다. 동시에 보어가 제창한 것처럼 세포의 분자 구조를 온전히 이해하면 그 세포의 생명에 대해서도 온전히 이해할 수 있을지도 모른다. 세포의 구조를 온전히 이해하려면 그 과정에서 세포의 생명을 파괴할 수밖에 없기 때문에, 생명의 근원에 있는 물리학 및 화학적인 구조가 온전히 결정되면 생명의 존재가 불가능해지는 상황도 논리적으로 가능할 것이다. 이런 두 번째 관점을 가지고 있다고 해도, 생물학 연구를 위해서는 지난 수십 년 동안 추구해 온 연구 방식을 사용하는 쪽을 권장해야 할지도 모른다. 최대한 지금까지 알려진 물리학 및 화학에 기반을 두고 설명을 하면서, 이론적 편견 없이 생명체의 행동을 기술하는 것이다.

현대 생물학자들은 이 두 가지 관점 중에서 전자를 선호한다. 그러나 현재 가능한 경험으로는 어느 쪽이 옳은지를 결정하기에는 충분하지 않다. 많은 생물학자들이 전자의 관점을 선호하는 이유 또한 지난 세기 동안 인간의 정신에 깊이 뿌리내린 데카르트의 이분법에 의한 것일지도 모른다. '사유실체'가 인간의 '자아'에만 존재하는 것이기 때문에 '연장실체'에 속하는 동물은 영혼을 가질 수 없다는 사고방식 말이다. 따라서 동물은 일반적 사물과 마찬가지로 이해의 대상이 되며, 물리학과 화학에 역사성이라는 개념만 덧붙이면 그 행동을 온전히 서술할 수 있다고 여기게 되는 것이다. '사유실체'를 도입해야만 비로소 완전히 새로운 개념을 필요로 하는 새로운 상황이 발생한다. 그러나 데카르트의 이분법은 위험할 정도로 과도한 단순화이며, 따라서 두 번째 관점이 참일 가능성이 상당히 높을 것이다.

지금으로서는 판정을 내릴 수 없는 이 문제는 접어두더라도, 생물학 현상을 기술할 수 있는 일관적인 닫힌 공리계를 구성하기에는 아직 많은 난점이 남아 있는 것이 사실이다. 생명 현상은 매우 복잡도가 높기 때문에 지금으로서는 수학적 표현이 가능할 정도로 명확하게 정의되는 개념들의 연관 관계를 상상하기조차 쉽지 않다.

생물학을 넘어 심리학을 논의에 포함한다면, 의심할 여지가 없이 물리학, 화학, 진화론을 전부 합쳐도 사실을 설명하기에는 충분하지 않다는 결론에 이르게 될 것이다. 이 지점에서 양자론의 존재는 우리가 19세기에 가지고 있던 신념을 완전히 뒤집어 버렸다. 당시 일부 과학자들은 심리학의 현상 또한 뇌 속의 물리학과 화학 현상을 이용해 설명할 수 있으리라 생각했다. 양자론의 관점에서 보면 이런 가정을 할 이유는 조금도 없다. 대뇌 속에서 벌어지는 물리적 사건들이 심리학 현상의 영역에 속한다는 것은 사실이지만, 그런 사건들만으로 현상을 충분히 설명할 수 있으리라 기대할 수는 없다. 뇌를 물리화학적 존재로 간주한다면 물론 그 방향으로 의미 있는 연구가 가능하겠지만, 심리학 현상을 제대로 이해하기 위해서는 우선 인간 정신을 심리학이라는 과학적 방법론의 연구 대상이자 주제로 간주하는 일부터 시작해야 한다.

과학의 방법론으로 세계를 이해하기 위해 과거에 형성되거나 미래에 형성될 수 있는 여러 개념군을 살펴보다 보면, 우리는 이런 개념군에 주관적 요소가 관여하는 정도가 점차 증가하는 방향으로 나열된다는 사실을 확인할 수 있다. 고전 물리학은 관찰자인 우리와 완전히 분리될 수 있는 세계를 이상적인 경우로 간주한다. 처음 세 가지 공리계는 이런 이상을 공유한다. 그 중에서 칸트 철학의 '선험적 개념'에 완벽히 대응하는 것은 첫 번째 개념군뿐이다. 네 번째인 양자역학의 개념군에서는 자연에 대해 인간 과학의 선험적 용어를 이용한 질문을 던짐으로써, 문제 자체에 과학을 행하는 주체인 인간을 도입한다. 양자론은 자연을 완벽하게 객관적으로 기술하는 행동을 용납하지 않는다. 생물학에서도 질문자가 인간이라는 생물종에 속한다는 사실을 완벽하게 이해하는 일이 중요할지도 모른다. 다른 말로 하자면, 우리는 구태여 정의하지 않아도 이미 생명이 무엇인지를 알고 있다는 말이다. 하지만 아직 형성되지 않은 개념군의 구조에 대해서 추측에 의거해 논의하는 것은 온당치 못한 일일지도 모르겠다.

이런 체계를 자연과학의 초기에 존재했던 낡은 분류와 비교할 경우, 이제 세계는 서로 다른 사물의 집단이 아니라 서로 다른 연결의 집단으로 구성되어 있다는 사실을 알 수 있다. 예를 들어, 과학의 초창기에는 광물, 식물, 동물, 인간 등으로 세계를 분류했다. 여러 사물들은 성질, 구성 물질, 작용하는 힘과 그에 따른 행동의 차이에 따라 나름의 분류 집단에 분배되었다. 이제 우리는 광물이나 식물이나 동물의 모든 구성 물질이 보편적으로 모든 곳에 존재하는 화합물이라는 사실을 알고 있다. 또한 서로 다른 물질에 작용하는 다양한 힘도 결국 모든 경우에 동일하다는 것을 안다. 특정 현상에서 가장 중요하며 식별 가능한 것은 결국 연결 관계의 종류라고 간주할 수 있는 것이다. 예를 들어, 화학적 힘의 작용에 대해 말할 때 우리는 뉴턴 역학에서 표현하는 것보다 복잡하거나, 적어도 종류가 다른 연결 관계에 대해서 말한다. 이렇게 보면 세계는 서로 다른 여러 종류의 연결 관계가 교차하거나 덮이거나 얽혀서 전체 직물을 짜내는, 복잡한 사건의 조직체가 된다.

수학 공식으로 표현할 수 있는 일관적인 개념, 공리, 정의, 법칙으로 구성된 닫힌 공리계를 통해 이러한 연관 관계를 표현하는 행위는, 사실 명확한 설명을 위해 특정 연결 관계의 집합을 분리해서 이상적인 대상으로 간주하는 것이라 할 수 있다. 하지만 이런 식으로 완벽한 명징성을 획득한다 해도, 그런 개념군이 현실을 정확하게 기술하는 것일지 여부는 확신할 수 없다.

이런 이상화 과정은 세계와 인간의 상호 작용으로부터 탄생한 인간 언어의 일부라 할 수 있으며, 따라서 자연의 도전에 대한 인간의 반응이라고도 할 수 있다. 이렇게 생각하면 과학은 다른 종류의 예술, 이를테면 건축이나 음악과 비교할 수 있다. 예술의 양식 또한 특정 예술 분야의 대상에 적용되는 형식적인 규칙의 집합으로 규정할 수 있다. 이런 규칙을 수학 개념과 방정식의 집합으로 엄밀하게 나타낼 수는 없겠지만, 그 기본적인 요소는 수학의 필수 요소와 매우 밀접하게 연관되어 있다. 균등과 불균등, 반복과 대칭, 특정 집합 구조 등은 예술과 수학 양쪽에서 기초적인 역할을 수행한다. 예술의 사조라고 부를 만한 체계를 정립하기까지는 보통 수 세대에 걸친 작품 활동이 필요한데, 처음에는 단순하지만 결국 완성된 사조가 보이는 특성인 정교한 형식으로 이어진다. 사조에 참여하는 예술가는 질료에 자신의 창작 활동을 통해 사조의 형식적 개념에서 시작한 다양한 형태를 부여하여 완벽한 결실을 창조하는 데 관심을 가진다. 그러나 이런 과정을 완성하면 '관심'은 다시 사라지게 되는데, 이는 예술가의 '관심'이란 사조에 동참하고 그 흥망성쇠 안에서 역할을 다하는 것을 말하지만, 이런 과정은 결국 끝을 맞이할 수밖에 없기 때문이다. 여기서 다시 한 번 사조의 정형화된 규범이 삶의 현실과 얼마나 떨어져 있는가를 살펴볼 수 있으며, 결국 이는 정형화된 규범만으로는 예술을 기술할 수 없다는 말이 된다. 예술은 언제나 이상화의 과정이다. 이상은 현실과 다르지만 ― 또는 플라톤의 표현을 따르자면, 현실의 그림자와는 다르지만 ― 현실을 이해하기 위해서는 결국 이상화를 수행할 필요가 있다.

여러 예술 사조를 인간 정신의 임의적인 산물로 보는 사람에게는, 자연과학의 개념군과 예술의 개념군을 비교하는 행위는 현실과 상당히 동떨어져 보일지도 모른다. 그런 사람이라면 자연과학의 개념군은 자연으로부터 배운 객관적 현실을 나타내며, 따라서 전혀 임의적이지 않고, 자연을 경험하며 지식을 쌓아 가는 점진적인 과정일 뿐이라고 말할지도 모른다. 여기에 대해서는 대부분의 과학자들도 동의할 것이다. 그러나 예술의 개념군을 과연 인간 정신의 임의적 산물이라 부를 수 있을까? 여기서 우리는 다시 한 번 데카르트의 이분법에 호도되지 않도록 주의를 기울여야 한다. 예술의 사조는 세계와 인간의 상호 작용에 의해, 더 정확하게 말하자면 당대의 시대정신과 예술가의 상호 작용에 의해 탄생하는 것이다. 시대정신은 어쩌면 자연과학의 사실만큼이나 객관적인 대상일 수도 있으며, 이런 정신에는 심지어 시대와는 관계없는, 어떻게 보면 영속적이라 할 수 있는 세계의 성질도 포함된다. 예술가는 자신의 작품을 통해 이런 요소를 이해할 수 있는 형태로 구성하며, 그런 시도 중에서 자신의 손으로 특정 사조의 형식을 만들게 되는 것이다.

따라서 과학과 예술의 방법론은 크게 다르지 않다. 과학과 예술은 모두 몇 세기에 걸쳐 현실의 동떨어진 부분을 다루기 위해 언어 체계를 형성해 왔으며, 예술의 공리계와 사조는 같은 언어를 이용해 구성한 서로 다른 단어 또는 단어의 집단일 뿐이다.

7.
상대성이론

　현대 물리학이라는 분야 안에서 상대성이론은 항상 중요한 역할을 수행해 왔다. 물리학의 기본 원리를 바꿔야 할 필요성이 처음으로 제기된 것도 바로 상대성이론 때문이었다. 따라서 상대성이론이 제기하고 부분적으로 해결된 문제들에 대해 논의하는 일은 현대 물리학을 철학에 적용하는 과정에서 필수적이라 할 수 있을 것이다. 그 발전 과정에서 상당한 진통을 겪은 양자론과는 달리, 상대성이론의 경우에는 어떻게 보자면 그 난점을 이해한 후 상당히 짧은 시간 안에 해답이 등장했다고 할 수 있다. 1904년에 몰리와 밀러가 마이클슨의 실험을 재수행하여 지구의 병진 운동translational motion을 광학적 방법으로는 식별할 수 없음을 최초로 명확하게 밝히고 나서, 채 2년도 지나지 않아 아인슈타인의 결정적인 논문이 발표되었기 때문이다. 하지만 몰리와 밀러의 실험과 아인슈타인의 논문은 훨씬 예전에 시작된 논의 전개의 최종 국면일 뿐이었다고도 할 수 있다. 이 논의는 '운동하는 물체의 전기역학'이라는 표현으로 요약할 수 있을 것이다.

물론 운동하는 물체의 전기역학은 전동기가 발명된 이래 물리학과 공학에서 중요한 분야로 존재해 왔다. 그러나 맥스웰이 광파가 전자기적 성질을 가진다는 사실을 발견한 이후 이 분야에는 심각한 난점이 발생했다. 전자기파는 다른 파동, 이를테면 음파와 비교해 볼 때 한 가지 본질적인 차이점이 있는데, 바로 진공으로 보이는 공간을 통해서도 전파될 수 있다는 것이다. 텅 빈 용기 속에서 종을 울리면, 그 소리는 바깥으로 전파되지 못한다. 그러나 빛은 진공을 통해서도 쉽사리 밖으로 전해질 수 있다. 따라서 과학자들은 광파를 에테르라는 매우 희박한 물질을 통해 전달되는 탄성파로 간주했다. 에테르는 보이지도 느껴지지도 않지만 텅 빈 공간뿐 아니라 다른 물질, 이를테면 공기나 유리 속에도 존재한다고 간주되었다. 전자기파가 다른 물질에 의존하지 않고 단독으로 존재할 수 있으리라는 생각은 당시의 물리학자들에게는 떠오르지 않았다. 여기서 에테르라는 가상의 물질이 다른 물체를 투과할 수 있다고 여긴다면, 다음과 같은 질문이 떠오른다. 만약 그 물체가 운동을 시작한다면 무슨 일이 벌어지는가? 에테르 또한 운동에 동참하게 되는가? 그리고 그렇게 된다면, 운동하는 에테르 속에서 광파는 어떻게 전파되는가?

이 질문과 연관된 실험은 수행하기 까다로운데, 다른 무엇보다 운동하는 물체의 속도가 일반적으로 광속에 비해 매우 작기 때문이다. 따라서 물체의 운동에서 찾아볼 수 있는 영향은 광속과 물체의 운동속도의 비례값이나 그 제곱수의 비례값에 따른 매우 작은 영향을 보이게 된다. 윌슨, 롤랜드, 뢴트겐과 아이젠발트와 피조가 수행한 여러 실험에서 이런 효과를 비례값의 1차 배수에 대응하는 정확도로 측정하는 일이 가능해졌다. 로렌츠가 1895년 정립한 전자 이론은 이런 효과를 상당히 만족스럽게 설명해 냈다. 그러나 마이클슨, 몰리, 밀러의 실험 때문에 새로운 상황이 발생했다.

이 실험은 조금 자세히 설명할 필요가 있다. 효과값을 크게 만들어 좀 더 정확한 결과를 얻어내기 위해서는 매우 빠른 속도로 움직이는 물체를 실험 대상으로 놓는 편이 최선으로 보였다. 지구는 초속 20마일의 속도로 태양 주위를 공전한다. 만약 에테르가 태양에 대해 정지 상태이며 지구와 함께 운동하지 않는다면, 에테르가 지구에 대해 빠른 속도로 운동하기 때문에 지구는 광속의 변화를 느껴야 한다. 빛이 에테르의 운동 방향과 평행하게 전파될 경우와 직각으로 전파될 경우에 광속은 서로 다른 값을 가지게 될 것이다. 에테르의 일부가 지구와 함께 운동한다고 하더라도, 에테르의 '바람'에 해당하는 현상을 통해 효과가 발생할 것이며, 이 효과는 실험을 수행하는 지역의 해발고도에 영향을 받을 것이다. 예측할 수 있는 효과를 계산한 값은 지구의 운동 속도와 광속의 비를 제곱한 값에 비례하며, 따라서 매우 작은 수가 나왔다. 따라서 실험을 수행하는 이들은 지구의 운동에 평행 또는 직각으로 운동하는 두 광선의 간섭을 아주 세밀하게 측정해야 했다. 이런 방법을 사용한 첫 실험인 1881년의 마이클슨 실험은 그 정확도가 충분하지 못했다. 그러나 후대에 반복한 실험도 기대한 효과가 존재한다는 증거를 조금도 제시하지 못했다. 특히 1904년 몰리와 밀러의 실험은 그런 효과가 기대한 정도의 규모로 벌어지지 않는다는 명확한 증거로 간주해도 좋을 정도였다.

기묘하게 들리지만, 이 결과는 과거 물리학자들이 논의한 바 있는 다른 논점과 결합했다. 뉴턴 역학에서는 특정 조건에서 다음과 같이 기술하는 '상대성 원리'가 존재할 수 있다. '만약 회전이 아닌 등속운동을 하는 물체로 구성된 특정 기준계에 뉴턴 역학이 적용된다면, 첫 번째 계에 대해 회전이 아닌 등속운동을 하는 다른 기준계에서도 동일한 뉴턴 역학이 적용된다.' 다른 말로 하자면, 특정 좌표계의 변환 등속운동은 전혀 역학적 효과를 발생시키지 않으며, 따라서 그런 효과를 통해 관찰될 수 없다는 것이다.

물리학자들이 보기에 이런 '상대성 원리'는 광학이나 전기역학에서는 참일 수 없었다. 만약 관찰자가 존재하는 좌표계가 에테르에 대해 정지 상태에 있고 다른 계들은 그렇지 않다면, 이런 계들의 에테르에 대한 운동은 마이클슨이 가정한 것과 같은 부류의 효과를 통해 인지할 수 있어야 한다. 1904년 몰리와 밀러의 실험이 내놓은 부정적인 결과는 이 개념을 수정하여, 상대성 원리가 뉴턴 역학뿐 아니라 전기역학에서도 성립할 수 있음을 보여주었다.

　반면 1851년 피조*가 수행한 오래된 실험은 상대성 원리에 정면으로 배치되는 것으로 보였다. 피조는 운동하는 액체 안에서의 광속을 측정했다. 만약 상대성 원리가 옳다면, 운동하는 액체 안의 광속의 총합은 액체의 운동 속도와 정지 상태의 액체 안에서 보이는 광속을 더한 값과 같아야 한다. 그러나 실험 결과는 달랐다. 피조의 실험에서 광속의 총합은 기대한 값보다 다소 작았던 것이다.

　그러나 여전히 근래에 수행된 모든 실험에서 '에테르에 대한' 운동을 확인하려는 시도는 전부 실패로 돌아갔고, 이는 당대의 이론물리학자와 수학자들로 하여금 빛의 확산과 상대

---

* Armand Hippolyte Louis Fizeau(1819~1896). 흐르는 물에서의 빛의 간섭을 이용해 최초로 지상에서 광속도를 측정했다.

성 원리가 양립할 수 있는 수학적 해석을 찾도록 만들었다. 1904년 로렌츠는 이런 조건을 만족시키는 수학적 변환을 제안했다. 그는 운동하는 물체가 물체의 속도에 따라 달라지는 계수만큼 운동 방향으로 수축하고, 기준계가 달라지면 '실제' 시간과는 여러 면에서 다른 '겉보기' 시간이 존재한다는 가정을 도입했다. 이렇게 하면 상대성 원리와 유사한 방식으로 해석하는 일이 가능해진다. '겉보기' 광속이 모든 기준계에서 동일해지는 것이다. 푸앵카레나 피츠제럴드를 비롯한 다른 물리학자들도 이런 착상을 논의한 적이 있었다.

그러나 마지막 단계는 1905년 아인슈타인이 자신의 논문에서 로렌츠 변환의 '겉보기' 시간이 '실제' 시간이라고 말하며, 로렌츠가 말한 '실제' 시간이라는 개념을 배제했을 때 완성되었다. 이는 물리학의 근본을 뒤흔드는 일이었다. 젊고 혁신적인 천재가 모든 용기를 그러모은 다음에야 수행할 수 있는, 아무도 예측하지 못한 극단적인 변화였다. 수학으로 자연을 해석하는 관점에서는, 이 한 걸음을 내딛기 위해서는 그저 로렌츠 변환을 일관적으로 적용하기만 하면 된다. 그러나 이런 새로운 해석 덕분에 시공간의 구조가 통째로 변했고, 물리학의 수많은 문제에 새로운 해결책이 등장했다. 이를테면 에테르라는 물질을 배제할 수도 있는 것이다. 서로에 대해 등속운동을 하는 모든 기준계가 자연을 기술할 때 동등하게 사용될 수 있으므로, 이런 기준계 중 하나에서만 정지 상태인 에테르라는 물질을 가정하는 일 자체의 의미가 퇴색되는 것이다. 사실 이런 물질의 존재를 가정하는 것보다, 광파가 진공 속에서 전파될 수 있으며 전자기장이 실체를 가지며 진공에서 존재할 수 있다고 가정하는 편이 훨씬 단순하기 때문이다.

그러나 가장 결정적인 변화는 시공간의 구조에서 일어났다. 수학 용어를 배제하고 일상 언어만을 사용해 이런 변화의 본질을 표현하는 것은 상당히 힘든 일인데, 일상에서 사용하는 '공간'과 '시간'이라는 단어는 사실 실제 구조를 이상적이고 극도로 단순하게 구현한 구조를 가리키기 때문이다. 그러나 이런 새로운 구조를 기술하려는 시도는 해 보아야 할 테니, 다음과 같은 식으로 해 보겠다.

'과거'라는 단어를 사용할 때, 우리는 적어도 원칙적으로는 알 수 있는 사건들에 대해 적어도 원칙적으로는 들은 적이 있는 내용을 모아 구성한다. 비슷한 식으로 '미래'라는 단어 또한 적어도 원칙적으로는 영향을 끼칠 수 있는 사건들, 적어도 원칙적으로는 바꾸거나 방지할 수 있는 사건들을 모아 구성한 것이다. 물리학자가 아니라면 이런 식의 '과거'와 '미래'의 정의가 가장 편리한 이유를 쉽사리 깨닫기 힘들다. 그러나 이렇게 정의할 경우 일상 언어와 상당히 정확하게 대응한다는 사실은 알 수 있을 것이다. 이 용어들을 이런 식으로 사용할 경우, 여러 실험에서 '미래'나 '과거'의 내용이 관찰자의 운동 상태나 기타 성질에 영향을 받지 않는다는 사실을 간단히 확인할 수 있다. 결과가 관찰자의 운동에 영향을 받지 않는다는 결론을 내릴 수 있는 것이다. 이는 뉴턴 역학과 아인슈타인의 상대성이론 양쪽에서 참으로 간주한다.

그러나 두 이론 사이에는 다음과 같은 차이가 존재한다. 고전 이론에서 우리는 미래와 과거가 현재라 부르는 무한히 짧은 찰나를 사이에 두고 나뉘어 있다고 생각한다. 그러나 상대성이론에서는 상황이 달라진다. 여기서 과거와 미래는 관찰자와의 거리에 따라 달라지는 유한한 시간 간격으로 분할된다. 모든 운동은 광속보다 작거나 같은 속도로만 전파될 수 있다. 따라서 특정 순간의 관찰자는 두 개의 특정 시간 사이에서 벌어지는 원거리의 사건을 인지하거나 영향을 끼칠 수 없는 것이다. 이 두 가지 시간 중 하나는 사건이 벌어진 지점에서 발생한 빛의 신호가 관찰이 일어나는 순간에 관찰자에게 도달하기까지의 짧은 시간이다. 다른 시간은 관찰의 순간에 관찰자에게서 발생한 빛의 신호가 사건이 벌어진 지점에 도달하기까지의 짧은 시간이다. 이 두 순간 사이의 유한한 길이를 가지는 시간이 관찰이 벌어진 순간에서 관찰자의 '현재'라고 말할 수 있을 것이다. 두 특정 순간 사이에서 벌어지는 모든 사건은 관찰이라는 행위와 '동시'에 일어났다고 할 수 있다.

'할 수 있다'라는 표현은 '동시'라는 표현이 임의적이라는 사실을 나타낸다. 이는 '동시'라는 표현이 광속이 무한하게 크다고 간주할 수 있는 일상의 경험에서 형성된 것이기 때문이다. 사실 물리학에서 '동시'라는 용어는 약간 다른 방식으로 정의될 수 있으며, 아인슈타인은 논문에서 이런 두 번째 정의를 사용했다. 서로 다른 두 사건이 공간 위의 같은 점에서 동시에 발생하면, 우리는 그 두 사건이 동시에 일어난다고 말한다. 이렇게 표현할 경우 '동시'는 그리 임의적인 용어가 아니다. 그럼 이제 직선상에 위치한 세 개의 점을 생각해 보자. 가운데 점과 양쪽 옆의 점들 사이의 거리는 서로 동일하다. 만약 양쪽 옆의 점에서 개별적으로 사건이 일어나며, 그 두 사건의 신호가 동시에 가운데 점에 도달한다면, 우리는 이 두 사건이 동시에 발생한다고 정의할 수 있다. 이 정의는 처음 정의보다 좁은 의미를 가진다. 이렇게 정의를 내릴 경우의 가장 중요한 결과는 어떤 관찰자에게 있어 동시에 일어나는 두 가지 사건이, 첫 번째 관찰자에 대해 등속운동을 하는 다른 관찰자에게는 동시에 일어나지 않는 것일 수도 있다는 것이다. 이 두 가지 정의는 전자의 정의를 따르는 '동시'에 사건이 일어날 때마다, 항상 후자의 정의를 따르는 '동시'에 사건이 일어나는 좌표계를 찾을 수 있다는 식으로 연결될 수 있다.

  '동시'에 일어나는 사건에 대해서는 전자의 정의 쪽이 일상

용례에 가까워 보이는데, 일상에서는 두 사건이 동시에 일어나는지 여부를 기준 좌표계에 따라 표현하지 않기 때문이다. 그러나 양쪽 정의 모두 일상생활의 용어에서는 찾아볼 수 없는 엄밀함을 갖추고 있다. 양자론에서 물리학자들은 고전 물리학의 용어를 사용한 자연의 기술이 부정확하다는 사실을, 그리고 그 적용이 양자론의 법칙에 의해 제한을 받으며 따라서 조심해서 사용해야 한다는 사실을 제법 일찍 깨우쳤다. 상대성이론에서 물리학자들은 고전 물리학에서 사용하는 단어의 뜻을 바꿔서 자연계의 새로운 현상에 부합하는, 더 엄밀한 용어로 바꾸려 했다.

상대성이론에 의해 부각된 시공간의 구조에 대한 개념은 여러 물리학 분야에 영향을 끼쳤다. 운동하는 물체의 전기역학은 상대성 원리에서 바로 유도할 수 있다. 상대성 원리 그 자체는 전기역학이나 고전 역학뿐 아니라 어떤 법칙의 집합에도 적용할 수 있다. 모든 기준계에서 동일한 형태를 가지며, 서로의 차이는 변환 가능한 등속운동뿐인, 로렌츠 변환을 통해 변화하지 않는 법칙이기 때문이다.

어쩌면 상대성 원리의 가장 중요한 결과물은 에너지 타성inertia of energy, 또는 질량-에너지 등가법칙일지도 모른다. 광속이 실체를 가진 사물은 도달할 수 없는 유한한 속도인 이상, 이미 매우 빠르게 움직이는 물체 쪽이 정지해 있는 물체보다 가속하기 힘들다는 사실은 어렵지 않게 이해할 수 있다. 운동에너지가 증가하면 에너지 타성 또한 증가하기 때문이다. 그러나 상대성이론에 따르면 모든 종류의 에너지는 타성의 증가를, 즉 다른 말로 하면 질량의 증가를 불러오며, 특정 에너지량에 의한 질량은 에너지를 광속의 제곱으로 나눈 값과 일치하게 된다. 따라서 모든 에너지는 그에 따른 질량을 가진다. 그러나 제법 큰 에너지도 질량은 매우 작기 때문에 예전에는 이런 질량과 에너지의 관계가 발견되지 않은 것이다. 두 가지 질량 보존법칙과 전하량 보존법칙은 개별적인 유효성을 잃으며, 에너지 또는 질량의 보존법칙이라고 불러야 할 새로운 법칙으로 통합된다. 50년 전 상대성이론이 처음 제시되었을 때, 질량과 에너지의 등가성에 대한 가설은 물리학의 완벽한 혁명으로 간주되었으며, 실험을 통한 증거는 거의 존재하지 않았다. 우리 시대에는 운동에너지로 기본 입자가 만들어지는 과정과 입자가 붕괴하며 복사 에너지를 방출하는 과정을 여러 실험을 통해 확인할 수 있다. 따라서 에너지가 질량으로 전환되거나 그 역이 일어난다는 사실은 딱히 특별하게 여겨지지 않는다. 핵폭발에서 방출되는 막대한 에너지는 아인슈타인의 방정식이 옳다는 또 하나의, 상당히 극적인 예시다. 그러나 여기서 역사적으로 중요한 점을 한 가지 짚고 넘어가야 할 것이다.

때로 핵폭발의 막대한 에너지가 질량이 직접 에너지로 변환되었기 때문에 발생하는 것이며, 상대성이론을 기반으로 해야 그런 에너지를 설명할 수 있다는 서술을 찾아볼 수 있다. 그러나 이는 오해일 뿐이다. 원자핵 안에 존재하는 막대한 양의 에너지는 베크렐, 퀴리, 러더포드가 방사성 붕괴에 대한 실험을 수행했을 때부터 잘 알려져 왔다. 라듐과 같은 물질이 붕괴할 때는 비슷한 양의 물질이 화학 반응을 일으킬 때에 비해 백만 배가량 강한 열을 방출한다. 우라늄이 핵분열을 일으킬 때의 에너지원은 라듐이 알파선을 내뿜으며 붕괴를 일으킬 때와 동일한, 원자핵이 둘로 쪼개질 때 발생하는 전기적 척력이다. 따라서 핵폭발의 에너지는 에너지원에서 직접 오는 것이지, 질량이 에너지로 전환되는 과정에서 발생하는 것이 아니다. 유한한 정지 질량rest mass을 가지는 기본 입자의 수는 폭발 과정에서 줄어들지 않는다. 하지만 원자핵의 입자를 한데 묶는 에너지가 질량을 가지는 것은 사실이며, 따라서 이렇게 간접적으로 에너지가 방출되는 현상 또한 원자핵의 질량 변화와 연결되어 있을 것이다. 질량과 에너지의 등가성은 물리학에서도 중요하지만, 동시에 아주 오랜 철학의 과제에도 연관된 질문을 던졌다. 과거의 여러 철학 체계의 이론에서는 물질이나 질료가 파괴될 수 없다고 간주했다. 그러나 현대 물리학의 여러 실험에서는 기본 입자, 즉 양전자나 전자가 소멸하거나 복사 에너지로 변환될 수 있다고 말한다. 그렇다면 현대의 경험이 과거의 철학 체계가 틀렸음을 입증했으며, 과거의 체계에서 발전해 나온 논변들이 잘못된 것이라 할 수 있을까?

이는 물론 성급하고 부당한 결론이다. 고대와 중세 철학에서 '물질'이나 '질료'라는 용어는 현대 물리학의 '질량'이라는 단어와 동일하다고 할 수 없기 때문이다. 현대의 경험을 과거 철학의 언어로 표현하고자 한다면, 질량과 에너지가 '물질'의 서로 다른 형태라고 간주해서 물질이 파괴될 수 없다는 관념을 유지할 수 있을 것이다.

반면 현대의 지식을 과거의 언어로 표현한다고 해서 딱히 많은 소득을 얻기는 힘들다. 과거의 철학 체계는 당시 존재하던 지식 전반을 이용해서, 지식으로 가능한 한도 내에서 사조를 따라 형성된 것이다. 물론 수백 년 전의 철학자들이 현대 물리학이나 상대성이론의 정립을 예측했기를 기대할 수는 없다. 따라서 철학자들이 먼 옛날에 지적 해석을 통해 유도해 낸 개념들은 현대의 화려한 기술과 장비를 사용해야만 관측할 수 있는 현상에는 적용할 수 없을 것이다.

그러나 상대성이론의 철학적 함의를 탐구하기 전에, 우선 상대성이론이 이후 어떤 식으로 발전했는지를 설명해야 할 것 같다.

19세기에 맥스웰의 이론을 논의할 때 중요한 역할을 담당했던 '에테르'라는 가상의 물질은, 앞에서 말했듯이 상대성이론에 의해 폐기되었다. 이는 곧 절대적 공간이라는 착상을 버리게 된 것이라고 서술할 수 있을 것이다. 그러나 이런 서술을 받아들이려면 극도로 조심해야 한다. 에테르가 정지해 있으며 따라서 '절대 공간'이라는 이름을 받을 만한 특정 기준계가 존재하지 않는 것은 사실이다. 그러나 그렇다고 해서 해당 공간이 모든 물리적 특성을 잃었다는 뜻은 아니다. 사물이나 역장의 운동 방정식은 '일반적' 좌표계에 대해 회전하거나 등속이 아닌 운동을 하는 '일반적' 좌표계에서는 여전히 다른 형태를 가지기 때문이다. 회전하는 좌표계 안에 존재하는 원심력은, 적어도 1905년과 1906년의 상대성이론의 관점에서 보면, 회전하는 계와 회전하지 않는 계를 구분해 주는 물리적인 공간의 성질이 존재한다는 증거가 된다.

이런 결론은 철학의 관점에서 보면 딱히 만족스럽지 않을 것이다. 철학은 물리적 성질을 사물이나 역장처럼 실제로 존재하는 것에 부여하는 쪽을 선호하며, 텅 빈 공간에 부여하는 일은 꺼리기 때문이다. 그러나 전자기 작용이나 역학적 운동의 이론에서, 진공의 물리적 성질은 논의할 의미가 없는 단순한 기술일 뿐이다.

10년 후인 1916년, 이런 상황을 세밀하게 분석한 아인슈타인은 상대성이론을 매우 의미 있는 방향으로 확장해서 흔히 '일반 상대성이론'이라 불리는 이론을 도출해 냈다. 이 새로운 이론의 주요 개념을 설명하기 전에, 우선 우리가 두 종류의 상대성이론이 옳은지 여부를 얼마나 확신할 수 있는지에 대해서 약간 언급하고 넘어가기로 하자. 1905년과 1906년의 이론은 상당히 많은 수의 잘 알려진 사실에 기반을 두고 있었다. 마이 클슨과 몰리의 실험 및 비슷한 부류의 다양한 실험, 셀 수도 없는 방사성 작용에서 찾아볼 수 있는 질량과 에너지의 등가성, 속도에 따른 방사성 물체의 반감기 등의 증거가 존재했다. 따라서 특수 상대성이론은 현대 물리학의 굳건한 초석이 되었으며 지금 시점에서도 재론의 여지가 없다.

일반 상대성이론의 경우 실험적 증거는 훨씬 설득력이 떨어지는데, 실험에 사용할 재료가 극단적으로 부족하기 때문이다. 이 가정이 옳다는 사실을 입증해 주는 자료는 몇 가지 천문학적 관찰 정도다. 따라서 후자의 이론은 전자의 이론보다 훨씬 가설의 성격이 강하다.

일반 상대성이론의 주춧돌은 관성과 중력의 연결 관계에 존재한다. 세밀하게 측정해 보면, 중력의 근원으로서 물체의 질량, 즉 중력질량은 물체의 관성을 통해 측정한 질량, 즉 관성질량에 비례한다. 가장 정밀한 측정 결과도 이 법칙을 벗어나지 않는다. 만약 이 법칙이 보편적으로 참이라면, 중력을 관성의 결과로 발생하는 원심력을 비롯한 다른 힘들과 같은 층위로 파악할 수 있게 된다. 앞에서 살펴본 대로 원심력은 진공의 물리적 성질로 간주해야 하기 때문에, 아인슈타인은 중력 또한 진공의 성질이라는 가정을 세웠다. 이는 매우 중요한 첫걸음이며, 바로 뒤이어 찾아오는, 마찬가지로 중요한 다음 걸음을 내딛을 수 있게 해 주었다. 우리는 중력이 질량에 의해 생성된다는 사실을 알고 있다. 따라서 중력이 공간의 성질과 연관되어 있다면, 이 공간의 성질 또한 질량에 의해 생성되거나 질량의 영향을 받아야 하는 것이다. 회전하는 계에 존재하는 원심력 또한 (계에 대해 상대적으로) 회전 운동을 하는 명확한 질량에 의해 생성되는 것이 분명하다.

이런 몇 개의 문장에서 개략적으로 모습을 드러낸 착상을 끌고 나가기 위해서, 아인슈타인은 리만이 발전시킨 일반기하학의 체계를 이 착상과 연결시켰다. 공간의 성질이 중력장에 의해 지속적으로 변하기 때문에, 그 기하학적 성질은 유클리드 기하학의 직선을 측지선, 즉 두 지점을 잇는 가장 짧은 선으로 대체하는 곡면기하학으로 해석해야 하며, 그것도 곡률이 지속적으로 변화하는 상황을 고려해야 하는 것이다. 결국 아인슈타인은 질량의 분배에 따른 기하학의 결정 매개변수를 연결해 냈다. 이 이론은 중력에 대한 일반적 성질을 설명한다. 계산 결과는 중력에 대한 고전 이론과 매우 높은 수준으로 일치하며, 측정 가능한 경계선에 존재하는 여러 흥미로운 효과들을 예측해 냈다. 예를 들자면 빛에 중력이 영향을 끼치는 현상이 있을 것이다. 무거운 별이 방출하는 단색광의 경우, 광자는 별의 중력장을 벗어나는 과정에서 에너지를 잃는다. 따라서 무거운 별이 발하는 스펙트럼선에서는 적색편이를 관측할 수 있을 것이다. 그러나 프로인틀리히의 실험에서 확인할 수 있듯이, 아직까지 이런 중력적색편이에 대한 실험적 증거는 명확하게 도출되지 않는다. 그러나 실험 결과가 아인슈타인의 이론에 따른 예측과 배치된다는 결론을 내리기에는 아직 이를 것이다. 태양 근처를 지나는 광선은 그 중력장에 의해 굴절되어야 한다. 프로인틀리히가 관찰한 굴절 정도는 예측과 일치했다. 그러나 굴절 현상이 아인슈타인의 이론을 정량적으로 뒷받침해 주기에는 아직 부족하다. 일반 상대성이론의 유효성을 입증할 수 있는 가장 큰 증거는 수성의 근일점 이동 현상인데, 이 경우에도 이론에서 예측한 바와 상당히 일치하는 값을 보인다.

일반 상대성이론의 실험적 근거가 상당히 제한적이기는 하지만, 이 이론에는 상당히 중요한 개념이 여럿 포함되어 있다. 고대 그리스에서 19세기에 이르기까지, 유클리드 기하학은 자명한 것으로 여겨져 왔다. 유클리드의 공리는 모든 수학적 기하학의 근본으로서, 절대 이의를 제기할 수 없는 것으로 생각되었다. 19세기에 이르러 보야이와 로바체프스키, 가우스와 리만이 유클리드만큼이나 수학적으로 엄밀한 방식으로 발전시킬 수 있는 다른 종류의 기하학을 창안할 수 있음을 발견했다.

따라서 어느 기하학이 옳은지 여부를 가리는 문제는 실증적인 문제로 넘어간 것이다. 그러나 아인슈타인의 논문이 등장하기 전까지는 물리학자들은 이 문제에 도전하지 않았다. 일반 상대성이론은 3차원뿐 아니라 시공간이 중첩되어 구성된 4차원 기하학까지 논의의 대상으로 삼으며, 이렇게 중첩된 차원에서의 기하학과 그 안에서의 중력의 불균일성에 대해 이야기한다. 따라서 이 이론은 시공간의 성질이라는 오래된 질문을 가장 큰 차원의 관점에서 새롭게 제기한다. 관찰을 통해 확인할 수 있는 해답이 존재할 가능성을 제시해 주는 것이다.

이는 결국 철학과 과학의 여명기부터 인간의 정신에 뿌리를 박아 온 아주 오래된 철학의 문제로 이어진다. 공간은 유한한가, 아니면 무한한가? 시간의 시작 이전에는 무엇이 존재했나? 시간의 끝에는 무슨 일이 벌어질까? 아니면 시간에는 끝도 시작도 없는 것일까? 여러 철학과 종교에서 이런 질문에 대해 서로 다른 해답을 내놓았다. 예를 들어, 아리스토텔레스의 철학에서는 우주 공간의 총합이 (무한하게 나눌 수 있기는 하지만) 유한하다고 말한다. 공간은 물체의 확장에 의해 생겨나며, 물체와 연관 관계를 가진다. 물체가 존재하지 않는 곳에 공간은 존재할 수 없다. 우주는 지구와 태양과 별, 즉 유한한 개수의 물체로 구성된다. 별들이 붙어 있는 천구 너머에는 공간이 존재하지 않는다. 따라서 우주의 공간은 유한한 것이다.

칸트 철학에서 이런 질문은 '이율배반antinomie'이라 부르는 범주에 속한다. 즉 서로 다른 두 가지 논변이 정반대의 결론으로 이어지기 때문에, 답할 수 없는 질문이라는 것이다. 공간은 유한할 수 없는데, 우리가 공간에 끝이 있다는 상상을 할 수 없기 때문이다. 공간의 어느 점에 있든 우리는 언제나 그를 넘어선 공간으로 갈 수 있다는 상상을 할 수 있다. 동시에 공간은 무한할 수도 없는데, 공간은 우리가 상상할 수 있는 대상이며 (그렇지 않았다면 공간이라는 단어가 존재할 수 없었을 것이므로) 우리는 무한한 공간을 상상할 수 없기 때문이다. 이 두 번째 명제에서 칸트의 논변은 지금에 이르러서는 언어적인 측면에서 재사용이 불가능하다. '우주는 무한하다'라는 문장은 우리에게 있어 부정적인 의미를 가진다. 우주의 끝에 도달하지 못했다는 뜻이 되기 때문이다. 칸트에게 있어 이 문장은 우주의 무한성이 기본 성질로 주어진 것이며, 우리가 이제 더 이상 사용하지 않는 의미로 '존재'한다는 것을 의미한다. 칸트의 결론은 우주가 유한한지 또는 무한한지를 묻는 질문에 대해서는 논리적인 해답이 존재할 수 없다는 것인데, 그 이유는 우주 전체가 우리 경험의 대상이 될 수 없기 때문이다.

시간의 무한성에 관한 문제에서도 비슷한 일이 벌어진다. 예를 들어 성 아우구스티누스의 『고백록』에는 다음과 같은 질문이 등장한다. "세상을 창조하기 전에 신은 무엇을 하고 있었는가?" 아우구스티누스는 "한심한 질문을 던지는 자들을 위한 지옥을 준비하느라 바빴다" 따위의 농담으로는 만족하지 못했다. 그는 이런 답변이 너무 한심하다 생각하고 문제를 논리적으로 분석하려 시도했다. 우리 인간에게 있어 시간은 흘러가는 것이며, 미래는 기대의 대상이고 현재는 흘러가며 과거는 기억하는 것이다. 그러나 신은 시간 밖에 존재한다. 신에게는 천 년도 하루와 같으며, 하루는 천 년과 같다. 시간은 세계와 함께 창조된 세계의 부속물이며, 따라서 우주가 존재하기 전에는 시간도 존재하지 않았다. 신에게 있어서는 우주의 역사 전체가 동시에 주어진 것이다. 신이 세계를 창조하기 전에는 시간은 존재하지 않았다. 물론 이런 주장에서 '창조'라는 단어가 근본적인 난점을 불러일으킨다는 사실은 명백하다. 흔히 사용하는 식으로 받아들인다면 예전에 존재하지 않았던 것을 존재하게 한다는 말이 되는데, 결국 이런 정의에는 시간 개념이 포함되어 있기 때문이다. 따라서 '시간이 창조되었다'라는 문구가 논리적으로 어떤 의미를 지니는지 정의하는 일은 불가능하다. 이는 다시 한 번 현대 물리학에서 종종 논의하는 내용을 상기시켜 준다. 모든 단어와 개념은 아무리 명징해 보일지라도 적용 가능한 한도를 가진다는 것이다.

일반 상대성이론에서는 공간과 시간의 무한성에 관한 질문을 던질 수 있으며, 부분적으로는 실증적인 답변이 가능하다.

만약 시공간의 4차원 기하학과 우주의 불균등한 질량 배분이 이 이론에서 말하는 것처럼 연관이 있다면, 우주의 은하계 분포를 천문학적 방법으로 관찰하면 우주 전체의 기하학에 대한 정보를 얻을 수 있기 때문이다. 적어도 이 방식을 쓰면 우주의 '모형', 즉 전체 우주의 모습을 구축할 수는 있을 것이며, 그 결과를 실증적으로 알아낸 사실과 비교하는 일도 가능할 것이다.

현재의 천문학 지식으로는 가능한 몇 가지 모형 중에서 어느 것이 옳은지를 판별하는 것은 불가능하다. 우주가 채우고 있는 공간이 유한할 수도 있다. 그렇다고 해서 우주의 특정 지점이 끝이라는 뜻은 아니다. 그저 한쪽 방향으로 계속 진행하다 보면 결국 출발점으로 돌아올 뿐이라는 의미다. 이 상황은 2차원 기하학에서, 지구 위의 특정 지점에서 출발해 계속 동쪽으로 이동하면 결국 서쪽에서 원래 위치에 돌아오게 되는 상황과 같은 것이다.

시간에 있어서는 시작점이 필요해 보인다. 여러 관찰을 통해 우주의 시작은 40억 년 전이라고 생각되고 있다.[*] 이는 적어도 우주의 모든 물질이 지금보다 훨씬 좁은 공간에 뭉쳐 있

---

[*] 세페이드 변광성의 관측에 의해 허블 상수값이 재계산된 것은 1958년의 일로, 그 이전까지는 실제로 관측할 수 있는 지구의 연령과 우주의 연령이 비슷하다고 추론하는 것이 일반적이었다.

었으며, 이후 그 좁은 공간에서 서로 다른 속력으로 확장되어 나갔음을 보여주는 듯하다. 동일한 40억 년이라는 시간은 여러 가지 다른 관찰에서도 확인할 수 있는데 (운석의 연대나 지구의 광물 등), 따라서 우주의 근원에 대해 이 시간을 넘어서는 극단적으로 다른 해석은 힘들어 보인다. 만약 이 가설이 옳다면 이 시간 너머에서는 시간이라는 개념 자체가 극단적으로 달랐을 수도 있다. 현재의 천문학 관찰을 통해서는 보다 큰 규모에서 시공간 기하학에 대한 질문에 대하여 일정 정도의 정확도를 가지는 해답을 내는 것도 불가능하다. 그러나 이런 문제들에 대해 탄탄한 실증적 논변에 기반을 둔 해답을 낼 수 있으리라는 생각만으로도 상당히 흥미롭다. 현재 상황으로는 일반 상대성이론조차도 실험적 기반이 매우 위태로운 상황이며, 로렌츠 변환에 의한 소위 말하는 특수 상대성이론보다 훨씬 불확실한 것으로 여겨야 할 것이다.

일반 상대성이론에 대한 논의에 한계가 있다고 하더라도, 상대성이론이 시공간 구조에 대한 우리의 관점을 근본적으로 바꾼 것은 사실이다. 이런 변화에서 가장 흥미로운 요소는 그 특수한 성질이 아니라 이런 변화 자체가 가능했다는 점일 것이다. 뉴턴이 정의한 시공간의 구조는 자연을 수학적으로 단순하고 일관성 있게 기술하도록 해 주며, 또한 일상에서 사용하는 시공간의 개념과 매우 근접하는 것이었다. 시공간에 상응하는 개념은 사실 상당히 비슷해서, 뉴턴의 정의를 이용해 일반적인 개념을 명확하게 수학으로 기술할 수 있을 정도였다. 상대성이론 이전에는 사건을 공간 속의 위치와는 관계없이 시간 순서에 따라 나열하는 일이 당연히 가능하다고 여겨졌다. 이제 우리는 일상에서 이런 느낌을 받는 이유가, 광속이 일상에서 접하는 다른 속도에 비해 엄청나게 빠르기 때문이라는 사실을 알고 있다. 그러나 이런 제약은 항상 적용되는 것은 아니다. 또한 이런 제약에 대해 알게 된 지금에도, 우리는 사건의 시간 순서가 장소에 따라 바뀌게 되는 일상의 상황을 거의 상상할 수조차 없다.

칸트 철학은 이후 시공간이라는 개념이 자연 그 자체가 아니라 우리와 자연의 관계에 속하는 것이라는 사실에 주목했다. 즉 우리는 이런 개념을 사용하지 않으면 자연을 기술할 수 없다는 것이다. 따라서 어떻게 보면 이런 개념들은 '선험적'이라 할 수 있다. 실험에 의해 얻은 결론이 아니라 기본 조건이며, 새로운 경험을 통해서도 바꿀 수 없다고 일반적으로 알려져 있기 때문이다. 따라서 이런 개념을 바꿀 필요성이 등장했다는 것은 상당히 놀라운 일이었다. 어떻게 보면, 과학자들이 잘 다듬어진 현대 실험과학에 일상의 개념을 도입할 때 세심한 주의가 필요하다는 사실을 일깨워 준 최초의 사례라고 할 수 있다. 심지어 이런 개념이 뉴턴 역학에서 엄밀하고 일관성 있는 공식으로 정립되었으며, 칸트 철학으로 세심하게 분석했다는 사실조차도 극도로 정확한 측정에 의한 비판적 분석의 칼날을 막아주지 못했다. 이런 경고는 훗날 현대 물리학의 발전 과정에서 극도로 중요한 역할을 수행했다. 상대성이론이 물리학자들에게 일상이나 고전 물리학에서 가져온 용어를 무비판적으로 사용하는 일의 위험을 알려주는 일에 성공하지 못했더라면, 양자론을 이해하는 일은 훨씬 힘들어졌을 것이다.

8.
양자론의 코펜하겐 해석에 대한 비판과 역제안

양자론의 코펜하겐 해석 덕분에 물리학자들은 19세기 자연과학에 팽배했던 단순한 유물론적 관점을 버리게 되었다. 그러나 유물론적 관점은 당대의 자연과학과 긴밀하게 연결되어 있을 뿐 아니라 일부 철학 사조에서 체계적으로 분석되었으며 길거리의 평범한 사람의 정신 속까지 깊이 침투해 있기 때문에, 코펜하겐 해석을 비판하고 좀 더 고전 물리학이나 유물론 철학의 관념과 일관성을 가지는 이론으로 대체하려는 시도가 여러 번 일어난 것도 전혀 이상한 일이 아니다.

이런 시도는 크게 세 가지 부류로 나눌 수 있다. 첫 번째 부류는 실험 결과에 대한 예측 측면에서는 코펜하겐 해석을 바꾸려 들지 않는다. 다만 그 해석에 사용하는 언어를 보다 고전 물리학의 언어와 유사한 형태로 바꾸고 싶을 뿐이다. 다른 말로 하자면, 물리학을 바꾸지 않은 채 철학만 바꾸려 시도하는 셈이다. 이런 첫 번째 부류의 논문은 지금까지 수행된 모든 실험이나 일반적인 전자물리학에 속하는 실험에 대한 예측의 측면에서만 제한적으로 코펜하겐 해석에 동의한다.

두 번째 부류는 코펜하겐 해석에 의한 예측이 모든 면에서 실험 결과와 일치한다면 이 해석이 옳을 수밖에 없다는 사실을 알고 있다. 따라서 이 부류의 논문은 양자론을 특정 한계선을 넘어서는 곳에서만 적용되는 것으로 바꾸려 시도한다.

마지막으로 세 번째 부류는 코펜하겐 해석의 결과, 그리고 특히 그 철학적 결론에 대해 전반적인 불만을 표시하면서도 역제안을 하지는 않는다. 아인슈타인, 폰 라우에, 슈뢰딩거의 논문이 이런 세 번째 부류에 속하며, 역사적으로는 세 부류 중에서 가장 먼저 모습을 보였다.

그러나 코펜하겐 해석의 반대자들은 공통적으로 한 가지 점에 동의한다. 그들이 보기에는 고전 물리학의 현실 개념, 좀 더 보편적인 철학 어휘를 쓰자면 유물론적 존재론으로 회귀하는 편이 바람직해 보인다는 것이다. 이들은 세계의 가장 작은 구성 요소까지도 우리가 관찰하는지 여부와 관계없이 돌이나 나무처럼 객관적으로 존재하는, 객관적인 현실 세계의 개념으로 돌아가고 싶은 것이다.

그러나 앞선 장에서 살펴본 원자 단위의 현상의 성질을 생각해 볼 때 이는 불가능하거나, 적어도 온전히 가능하지는 않다고 말할 수밖에 없다. 원자 단위의 현상이 가져야 하는 이상적인 모습을 구상하는 것은 우리의 일이 아니다. 우리의 직무는 그저 사실을 있는 그대로 이해하는 것뿐이다.

첫 번째 부류의 논문을 분석할 때는, 처음부터 그들의 해석을 실험을 통해 논박하는 것이 불가능하다는 사실을 알고 들어가는 것이 중요하다. 그들은 그저 코펜하겐 해석을 다른 용어를 사용해 반복할 뿐이기 때문이다. 엄격하게 실증주의적 관점에서 접근하면, 이런 논문들의 주장은 코펜하겐 해석에 대한 역제안이 아니라 정확하게 동일한 내용을 다른 언어를 사용해서 되풀이하는 것뿐이라고 할 수도 있을 것이다. 따라서 여기서는 그 언어의 적합성밖에는 논의할 거리가 없다. 어떤 역제안은 '숨은 변수'라는 착상을 사용한다. 양자론의 법칙은 보통 실험의 결과를 통계적으로만 기술할 수 있기 때문에, 고전적 관점에서 보기에는 일반적인 실험에서 관찰할 수는 없지만 보편적인 인과관계를 따르는 실험 결과를 산출해 주는 숨은 변수가 존재한다고 생각하고 싶기 마련이다. 따라서 일부 논문은 양자역학의 얼개 안에 이런 변수를 만들어 넣으려 시도한다.

예를 들어 봄*은 이런 논지에 따라 코펜하겐 해석에 역제안을 했는데, 최근에는 드브로이도 어느 정도까지는 이 제안을 받아들였다. 봄의 해석은 세밀한 계산 결과를 도출했으니 여기서 논의의 기반으로 사용하기에도 적절할 것이다. 봄은 입자를 뉴턴 역학의 질점, 즉 부피가 없는 질량처럼 '객관적 실체'를 가지는 구조물로 간주한다. 그의 해석에서는 배위 공간 속의 파동 또한 전기장처럼 '객관적 실체'를 가진다. 배위 공간이란 그 계에 속하는 모든 입자의 서로 다른 좌표에 대응하는 모든 차원으로 구성된 공간을 말한다. 여기서 우리는 첫 번째 난점에 부딪친다. 배위 공간의 파장이 '실체'를 가진다고 표현하면 그게 무슨 의미를 가지는가? 배위 공간이란 극도로 임의적인 공간이다. '실체'란 라틴어 단어 'res'로 이어지며, 이는 '사물'이라는 뜻이다. 그러나 사물은 일반적인 3차원 공간 속에 존재하지, 임의적인 배위 공간에 존재하는 대상이 아니다. 배위 공간의 파장을 '객관적'이라 부르는 것까지는, 그 파장의 성질이 관찰자에 의해 변하지 않는다는 점을 표현한 것이라 간주할 수 있다. 그러나 그걸 '실체'라고 부르는 것은 단어의 뜻자체를 바꾸지 않으면 부적절한 행위다. 봄은 계속해서 일정한 파 위상의 표면에 대한 수직선을 입자의 가능한 궤도로 정의한다. 이런 수직선 중 어느 것이 '실체'인지는, 봄의 말에 따르

* David Joseph Bohm(1917~1992). 미국의 물리학자. 양자역학과 상대성 이론에 다양한 업적을 남겼으며, 특히 아인슈타인-포돌스키-로젠 역설을 전자의 스핀을 중심으로 재정립해서 이후 실험을 통해 검증할 수 있는 발판을 마련했다.

면 계의 과거 성질과 측정 도구에 달려 있으며, 계와 측정 도구에 대해 실제로 알 수 있는 것보다 더 많은 내용을 알기 전에는 확인할 수 없는 것이다. 여기서 계의 과거 성질, 이 경우에는 실험이 시작하기 전의 '실제 궤도'가 사실상의 '숨은 변수'가 된다.

이런 해석의 결과 중 하나는, 파울리가 강조한 바와 같이 여러 원자에서 기저 상태의 전자는 정지 상태에 있어야 하며, 원자핵 주변의 궤도를 도는 운동을 해서는 안 된다는 것이다. 이는 실험 결과와 배치되는 해석으로 보이는데, 기저 상태의 전자의 속도를 측정하면 (이를테면 콤프턴 효과와 같은 방식으로) 기저 상태에서도 항상 속도에 차등 분배가 존재한다는 사실을 확인할 수 있기 때문이다. 이는 양자론의 법칙에 따르면 운동량이나 속도 공간의 파동함수의 제곱으로 나타낼 수 있다. 그러나 여기서 봄은 일반적인 법칙으로는 더 이상 측정 결과를 구할 수 없다는 주장을 내세운다. 그는 측정 결과를 일반적인 방식으로 다루면 속도의 차등 분배라는 결과로 이어진다는 사실에는 동의한다. 그러나 측정 장비에 대해 양자론을 적용하게 되면 — 특히 봄이 임시방편으로 도입한 기묘한 양자 전위를 도입할 경우에는 더욱 — 이런 주장은 결국 저자가 '실제로' 휴식 상태에 있다는 결론으로 이어진다. 봄은 입자의 위치를 측정할 때는 실험의 일반적 해석을 옳은 것으로 받아들이지만 속도를 측정할 때는 그것을 거부한다. 이 대가로 봄은 다음과 같은 주장을 할 수 있게 된다. '우리는 양자론의 세계에서 개별 계에 대한 엄밀하고 논리적이고 객관적인 기술을 포기할 필요가 없다.' 그러나 이런 객관적 기술은 사실상 '관념적 초구조체'일 뿐으로, 눈앞의 물리적 현실과는 거의 관계가 없다. 봄의 해석에 존재하는 숨은 변수들은 양자론의 본질이 변하지 않는 한 실제 현상을 기술할 때는 절대 존재할 수 없는 것이기 때문이다.

이런 난점에서 탈출하기 위해, 봄은 훗날의 기본 입자 단위의 실험에서 숨은 변수가 실제 역할을 수행할 수도 있으며, 따라서 양자론이 거짓으로 밝혀질 수도 있으리라는 희망을 피력한다. 이런 괴상한 희망을 피력하는 모습을 두고, 보어는 이런 주장이 다음 문장과 유사한 형식을 가진다고 말하곤 했다. '훗날 때로는 2×2＝5가 참일 경우도 발견될 수도 있다는 희망을 가져도 좋다. 그러면 우리 재정 상황에 큰 도움이 될 테니까.' 사실 봄이 희망하는 상황이 발생한다면 양자론뿐 아니라 봄의 해석 또한 기반이 송두리째 무너질 것이다. 물론 보어의 표현은 비유 자체로는 옳지만 봄이 언급한 방식으로 양자론이 변형될 가능성이 존재하지 않는다는 근거가 될 수는 없다. 예를 들어, 미래의 수학 논리에서 2×2＝5라는 서술이 특수한 경우에 한정해 의미를 가지게 되는 상황은 도저히 상상할 수 없는 것까지는 아니기 때문이다. 그리고 경제학 계산처럼 응용수학의 경우까지 생각하면 가능성은 훨씬 커진다. 하지만 딱히 설득력 있는 수학 논리를 도입하지 않아도, 그런 상황이 발생한다고 해서 우리의 재정 상황이 더 나아질 리가 없다는 사실은 잘 알 수 있다. 따라서 물리 현상을 기술할 때 봄의 희망이 이루어진다고 해서 그의 논문 속의 수학적 제안이 어떤 결과를 가져올지 예상하는 것은 극도로 어렵다고 할 수 있다.

이렇게 양자론을 변형시킬 수 있다는 희망에 찬 가능성을 배제한다면, 봄의 언어가 그려내는 물리학의 세계는 앞서 지적한 대로 코펜하겐 해석과 조금도 다르지 않다. 그러면 이제 단 하나의 문제, 즉 사용한 언어의 적합성만이 남는다. 입자의 궤도를 언급할 때 불필요한 '관념적 초구조체'를 도입하는 일에 대해서는 앞에서 이미 반대를 표시한 바 있지만, 봄의 언어가 양자론에 필수적인 위치와 속도의 대칭성이라는 균형을 무너뜨린다는 점을 다시 강조할 필요가 있을 것이다. 봄은 위치를 측정할 때는 일반 해석을 받아들이고, 속도나 운동량을 측정할 때는 받아들이지 않는다. 대칭성은 언제나 양자론의 필수적 구성 요소였는데, 상응하는 용어에서 그런 식으로 대칭성을 배제해서 무엇을 얻을 수 있는지는 상당히 불확실하다. 따라서 봄의 코펜하겐 해석에 대한 역제안을 발전으로 보기는 힘들다고 할 수 있다.

보프*와 (약간 다른 방식으로) 페녜쉬**가 내놓은 통계적 해석에서도 약간 다르지만 비슷한 부류의 비판을 찾아볼 수 있다. 보프는 입자의 탄생과 소멸을 양자론의 근본 작용으로 간주하고, 입자가 유물론적으로 존재하는 고전적 의미의 '실체'이며 양자론의 법칙은 입자의 탄생과 소멸 순간에만 적용되는 상관관계의 통계로 간주해야 한다고 주장한다. 이런 해석 안에는 양자론의 수학적 법칙에 대한 상당히 흥미로운 지적이 담겨 있는데, 결국 이를 진행하면 물리적 인과관계에 대해서는 코펜하겐 해석과 정확하게 동일한 결과에 도달한다. 실증주의적 의미에서 이 해석은 봄의 해석과 동형이라 할 수 있다. 그러나 이 해석에서 사용하는 언어는 양자론을 수학으로 정립하는 과정에서 주요한 특성이라 할 수 있는 입자와 파동의 대칭성을 파괴한다. 1928년부터 요르단, 클라인, 위그너는 그 수학식이 입자 운동을 양자로 해석하는 것뿐 아니라 3차원 물질파를 양자로 해석하는 것으로 볼 수 있다는 사실을 밝힌 바 있다. 따라서 이런 물질파가 입자에 비해 실체성이 떨어진다고 간주할 이유

* Friedrich Bopp(1909~1987). 독일의 이론물리학자. 전후 독일에서 양자장이론을 연구했다.
** Imre Fényes(1917~1977). 헝가리의 이론물리학자. 양자역학의 통계적 해석을 처음으로 제창했다.

는 존재하지 않는다. 보프의 해석을 따라 파동과 입자 사이의 대칭성을 확보하려면, 결국 시공간 속의 물질파에 대한 상응하는 상관관계 통계가 확립되어야 하며 동시에 물질과 파동 중 어느 쪽을 '진짜' 실체로 간주할 것인가 하는 문제를 뒤로 미루어 두어야 한다.

유물론적으로 입자가 실체라고 가정하면 결국 불확정성원리를 벗어나는 사건이 '기본적으로' 가능하다고 간주하고 싶은 유혹을 벗어나기 힘들다. 예를 들어, 페녜쉬는 "불확정성원리(그가 특정 통계 관계와 연결시키는)가 존재한다고 해서 임의적인 정확도를 가지는 위치와 속도의 동시 측정이 불가능해지는 것은 아니"라고 말한다. 그러면서도 페녜쉬는 이런 측정을 어떻게 실현할 것인지에 대해서는 언급하지 않으며, 따라서 그의 가정은 결국 수학적 관념의 한계를 넘어서지 못한다.

바이첼*은 코펜하겐 해석에 대해 봄이나 페녜쉬와 비슷한 역제안을 하면서, '제론zeron'이라는 새로운 종류의 입자를 임의적으로 도입해서 '숨은 변수'를 표현하고자 했다. 물론 '제론'은 다른 경우에는 관찰할 수 없는 입자다. 그러나 이런 개념은 실제 입자와 제론이 상호 작용을 하여 제론의 역장 속에 다

---

* Walter Weizel(1901~1982). 독일의 이론물리학자, 정치가.

양한 종류의 자유도를 가지는 에너지를 방사하는 경우를 상정하면, 전체 계의 열역학 구조가 혼돈 속으로 빠지며 심각한 위기에 봉착한다. 바이첼은 이런 위기를 어떻게 피할 수 있는지에 대해서는 언급하지 않는다.

지금까지 언급한 논문들의 관점을 뭉뚱그려 설명하자면, 특수 상대성이론에 대해 벌어졌던 비슷한 논쟁을 떠올려 보는 편이 나을 것이다. 당시 아인슈타인이 에테르와 절대적 시공간이라는 개념을 배제한 일에 불만을 품은 사람들은 이런 식으로 주장했다. "특수 상대성이론은 절대적 시공간의 부재를 어떤 식으로도 증명할 수 없다. 그 이론은 그저 일반적인 실험에서 진정한 시공간을 직접적으로 관측할 수 없음을 보여주었을 뿐이다. 그러나 자연법칙의 이런 성질을 제대로 적용할 방법을 찾기만 하면, 즉 올바른 '겉보기' 시간을 운동하는 좌표계에 도입할 수 있게 되면, 절대적 공간을 가정하는 일에 반대할 필요는 없을 것이다." 심지어 우리 은하계의 중력 중심이 (적어도 근사치로는) 절대 공간에 정지해 있다는 가정조차도 말이 될 수가 있다. 특수 상대성이론의 비판자들이라면 미래에는 계측을 통해 절대적 공간이 명료하게 정의될 것이며, 상대성이론이 완전히 부정될 것이라고 덧붙일 수도 있을 것이다. 여기서는 절대적 공간이 상대성이론의 '숨은 변수'라고 할 수 있다.

이런 주장을 실험으로 부정할 수 없음은 간단히 살펴보기만 해도 명백하다. 사실상 특수 상대성이론과 다른 주장이 단 하나도 없기 때문이다. 그러나 이런 해석은 이 이론에 필수적인 대칭성, 즉 로렌츠 불변에 사용하는 언어를 파괴하며, 따라서 부적절한 것으로 간주될 수밖에 없다.

이런 비교가 양자론에서 가지는 의미는 명백하다. 양자론의 법칙에서 임의적으로 창안한 소위 '숨은 변수'는 관찰이 불가능하다. 따라서 양자론을 해석하기 위해 숨은 변수와 같은 가상의 존재를 도입하면 결국 양자론에 필수적인 대칭성은 파괴되어 버리고 만다.

블로친체프*와 알렉산드로프**의 저작은 앞에서 다룬 내용과 상당히 다른 주장을 제기한다. 이들은 처음부터 코펜하겐 해석의 철학적 함의에 논의를 한정하고, 해석의 물리학적 측면은 온전히 받아들인다.

그러나 이들의 비판의 칼날은 그만큼 더 날카롭다. "현대 물

---

* Dmitrii Ivanovich Blokhintsev(1907~1979). 소련의 물리학자. 전후 소련의 핵물리학계를 이끌며 소련 최초의 시험형 원자로를 만들었다. 마르크스-레닌의 유물론으로 양자역학을 해석한 교과서를 집필했으며, 미소한 계들의 국소 규모의 집합에서는 섭동을 통해 객관적인 정보를 파악할 수 있다고 주장했다.

** Aleksandr Danilovich Aleksandrov(1912~1999). 소련의 수학자, 물리학자, 철학자. 전후 후대 육성에 힘을 기울이며 과학과 여러 저명한 과학자들에 대한 회상록을 남겼다.

리학의 다양한 관념적 사조 가운데 소위 말하는 코펜하겐 학파는 가장 반동적이다. 이 논문의 목적은 그 학파의 관념적이며 불가지론적인 추측이 양자물리학의 기초적 문제에 끼치는 영향을 만천하에 드러내보이는 것이다." 블로친체프는 서문에서 이렇게 썼다. 이 비판의 뒷맛이 안 좋은 이유는 과학만이 아니라 특정 교리에 집착하는 신앙고백까지 상대해야 하기 때문이다. 이런 목적은 결말에서 레닌의 저작을 인용하는 부분에서 명확히 드러난다. "보편적 인간 지성의 수준에서 보면, 무게가 없는 에테르가 무게를 가지는 물질로 변환되는 사건이 아무리 놀랍더라도, 전자에 전자기적 질량만 존재한다는 사실이 아무리 괴상하더라도, 운동의 역학법칙이라는 제한이 자연 현상의 한쪽 세계에만 적용되며 그 법칙이 보다 심오한 전자기 현상의 법칙의 일부로 종속된다는 사실 등이 아무리 비정상적으로 보일지라도, 이는 모두 변증법적 유물론을 확정해 주는 다른 예시에 지나지 않는다." 여기서 뒤쪽의 주장을 고려해 보면, 블로친체프는 양자론과 변증법적 유물론의 관계에 대해서는 별로 관심이 없어 보이며, 그의 논의는 판결을 정해 놓고 재판을 하는 연출된 법정 수준으로 격하되어 버린다. 그러나 블로친체프와 알렉산드로프가 제기한 주장을 명확히 파악하는 일은 상당히 중요하다.

여기서 그는 유물론적 존재라는 개념을 구원한다는 임무를 수행하기 위해, 양자론의 해석에 관찰자를 도입했다는 사실에 공격을 집중하는 전술을 택한다. 알렉산드로프는 다음과 같이 썼다. "따라서 우리는 양자론의 '측정 결과'를 전자와 특정 물체의 상호 작용의 효과라는 객관적 현상을 통해서만 이해해야 한다. 관찰자를 언급하는 일은 반드시 피해야 하며, 객관적 조건과 객관적 효과만 다루어야 한다. 물리량은 현상이 가지는 객관적 특성이며, 관찰의 결과일 수 없다." 알렉산드로프에 따르면 배위 공간의 파동함수가 전자의 객관적 상태를 특정해 주는 것이다.

이런 논지 전개 과정에서, 알렉산드로프는 양자론을 공식화한다 해도 고전 역학과 같은 정도의 객관화는 허용되지 않는다는 사실을 간과한다. 예를 들어, 계와 측정 기구의 상호 작용 전체를 양자역학에 따라 파악하고 양쪽 모두 나머지 세계와 분리되어 있다고 가정한다고 해도, 양자론의 공식은 명확한 결론으로 이어질 수가 없다. 이를테면 감광 건판의 특정 점이 검게 변할지 여부를 확정할 수 없다는 말이다. 알렉산드로프의 '객관적 효과'라는 표현에 상호 작용이 일어난 후 '현실에서' 특정 점이 검게 변했는지를 나타내는 것이라는 말을 덧붙여 보충하려 해도, 그에 대해서는 전자를 포함하는 닫힌 계를 양자역학의 관점으로 해석할 경우에는 측정 도구나 건판을 적용할 수 없지 않느냐는 식으로 반박할 수 있을 것이다. 일상의 개념으로 기술할 수 있는 사건이 추가로 가정을 하지 않는다면 수학적으로 공식화된 양자론 속에 포함되어 있다는 것은 '실제' 특성이며, 이는 코펜하겐 해석에서는 관찰자를 도입한다는 방식으로 드러난다. 물론 관찰자를 도입한다고 해서 자연의 기술에 일종의 주관적 성질을 부여했다고 생각하는 것은 오해일 뿐이다. 여기서 관찰자는 시공간을 정의하는 등 인식상의 결정을 내리는 역할을 수행할 뿐이며, 그 관찰자가 실험 기구인지 인간인지는 아무 상관도 없다. 그러나 이렇게 특정하는 행위, 즉 '가능성'을 '실제'로 바꾸는 역할은 반드시 필요한 것이며, 양자론의 해석에서 빼놓을 수 없다. 이 점에서 양자론은 열역학과 밀접하게 연결되어 있다고 할 수 있는데, 관찰을 하는 모든 행동이 근본적으로 돌이킬 수 없는 작용이기 때문이다. 이렇게 비가역적인 작용을 통해서만 양자론을 시공간 속에서 일어나는 실제 사건과 일관적으로 연결하여 공식화하는 것이 가능하다. 여기서 비가역성을 현상을 나타내는 수학적 표현에 대입할 경우, 결국 관찰자는 계의 모든 성질을 완벽하게 파악할 수 없으며, 따라서 온전히 '객관적'일 수는 없다는 결론에 이르게 된다.

블로친체프는 알렉산드로프와 약간 다른 방식으로 물질을 규정한다. "양자역학에서 우리는 입자 그 자체의 상태가 아니라 입자가 특정 통계 집합에 속해 있다는 사실을 논의한다. 이는 완벽하게 객관적인 영역에 속하며 관찰자의 진술에 영향을 받지 않는다." 그러나 이렇게 규정할 경우 우리는 유물론적 존재론에서 상당히 멀리, 어쩌면 너무 멀리 떨어져 나가게 된다. 이 점을 명확하게 파악하려면 특정 통계 집합에 속해 있다는 사실이 고전 열역학을 해석할 때 어떤 식으로 사용되었는지를 다시 떠올려 보면 된다. 만약 관찰자가 계의 온도를 특정하고 그 결과로부터 계의 분자 운동에 대한 결론을 이끌어내기를 원한다면, 그는 이 계가 에너지를 서로 교환할 수 있는 동일한 계의 모든 집합에서 추출한 표본이며, 따라서 다른 에너지 준위를 가질 수 있다고 간주하면 된다. 고전 물리학의 '현실'에서는 특정 계는 특정 시간에 하나의 명확한 에너지 준위밖에 가질 수 없으며, 다른 모든 가능성은 현실화되지 않았다고 말할 수 있다. 따라서 특정 시간에 다른 에너지 준위를 가질 수 있다고 간주하는 관찰자는 속은 것이나 다름없게 된다. 에너지를 교환할 수 있는 계의 집합이라는 표현에는 그 계만이 아니라 관찰자가 계에 대해 가지는 불충분한 지식 또한 포함되는 것이다. 만약 블로친체프가 양자론에서 특정 계가 특정 집합에 속한다는 것만으로도 '완벽히 객관적'이라고 칭하고 싶다면, 그는 '객관적'이라는 용어를 고전 물리학에서와는 다른 방식으로 사용한 것이다. 고전 물리학에서는 집합에 속한다는 사실은 단순한 그 계에 대한 진술이 아니라 계에 대한 관찰자의 지식 수준의 진술이라고도 할 수 있기 때문이다. 양자론에서는 이런 논변에 대해 한 가지 예외를 만들어야 한다. 만약 양자론에서 그 집합을 대위 공간에서(즉, 평소처럼 통계 수열이 아닌 곳에서) 하나의 파동함수로 나타낼 수 있다면, 그에 대한 기술은 어떤 면에서는 객관적이라 칭할 수 있는 특수한 상황이 되며(즉, 소위 말하는 '순수한 조건'이 성립하며) 여기서는 불완전한 지식의 요소가 즉각적으로 나타나지는 않는다. 그러나 모든 측정이 결국 (비가역적인 성질 때문에) 불완전한 지식이라는 요소를 다시 도입해 오기 마련인 이상, 본질적인 상황은 변하지 않는다.

다른 무엇보다 우리는 지금까지의 정립 방법을 통해 새로운 착상을 과거의 철학에 속해 있는 기존의 개념 체계에 끼워 넣는 일이 얼마나 힘든지를 알고 있다. 오래된 비유를 사용하자면, 새 포도주를 낡은 병에 담는 일이 말이다. 이런 시도는 항상 고달프기 마련인데, 새 포도주의 향기를 음미하지 못하고 낡은 병에 난 실금 쪽에 신경을 써야 하기 때문이다. 1세기 전에 변증법적 유물론을 도입한 사상가들이 양자론의 대두를 예측하지 못한 것은 당연한 일이다. 그들의 물질과 현실 개념을 우리 시대의 정교한 실험 결과에 적용할 수는 없다.

어쩌면 이 시점에서 특정 교리에 대한 과학자의 자세에 대해 일반적인 차원에서 언급하고 지나가는 편이 나을지도 모르겠다. 여기서 교리는 종교 교리일 수도, 정치 교리일 수도 있다. 종교 교리와 정치 교리의 근본적인 차이점, 즉 후자는 우리 주변에 존재하는 세계를 직접적으로 다루고 전자는 물질세계 너머의 다른 현실을 대상으로 한다는 점은 사실 우리 질문에 있어 별로 중요하지 않다. 우리가 토의해야 하는 대상은 교리 그 자체다. 지금까지 여러 사람들의 주장에 따르면 과학자는 특정 교리에 의존해서는 안 되며, 특정 철학에 사고방식을 예속시켜서도 안 된다. 과학자는 언제나 새로운 경험을 통해 자기 지식의 근간을 바꿀 준비를 하고 있어야 한다. 그러나 이런 요구 또한 두 가지 이유에서 상황을 너무 단순히 여긴 것이라 할 수 있을 것이다. 첫 번째 이유는 인간의 사고 구조가 젊은 시절에 접한 사상이나 교육자들이 남긴 강렬한 각인에 의해 결정된다는 것이다. 이 구조의 영향은 훗날의 작업물에도 일부 남게 마련이며, 훗날 마주친 다른 관념에 온전히 적응하기 힘들게 만든다. 두 번째 이유는 우리가 공동체 또는 사회에 속해 있다는 것이다. 공동체는 동일한 사상과 동일한 범주의 도덕적 가치에 의거해 유지된다. 인생의 일반적 문제를 함께 논의할 수 있는 공통 언어가 비슷한 역할을 수행할 때도 있다. 교단의 수장이나 정당이나 국가가 이런 공통 사상을 직접적으로 지지할 수도 있고, 설령 그렇지 않더라도 공동체와 갈등을 빚지 않고는 공통 사상을 저버리기 힘들 가능성이 높다. 그러나 과학적 사고의 결과물은 종종 보편적인 사상과 모순된다. 과학자가 공동체의 충성스러운 일원으로 남기를 포기해야 한다는, 즉 공동체에 소속됨으로서 얻을 수 있는 모든 행복을 저버려야 한다는 요구는 분명 너무 과하다고 할 수 있다. 또한 사회의 보편적 사상이 언제나 명쾌한 과학적인 사고방식을 따르며, 과학 지식의 발전에 맞추어 즉각적으로 바뀌고, 과학 이론처럼 다양할 수 있으리라 기대하는 것 또한 어리석은 일이다. 따라서 현대의 우리도 중세 후기까지 기독교 역사 내내 존재하던 '이중 진리'라는 낡은 문제로 되돌아갈 수밖에 없다. '실증적 종교는 어떤 형태든 대중의 요구를 위해 반드시 필요하며, 과학자는 오직 종교의 이면에서만 진실을 탐구할 수 있다'라는 논란의 여지가 많은 교리도 있다. 이에 따르면 '과학은 소수를 위한 난해한 학문이다'. 우리 시대의 일부 국가에서는 정치 교리와 사회 활동이 실증적 종교의 지위를 대체하지만, 문제는 본질적으로 동일하다고 할 수 있다. 과학자의 첫 번째 자질은 지적 정직성이지만, 공동체는 종종 과학 이론의 변동에 따른 반대 의견을 제시하기 전에 수십 년 정도 기다려 주기를 요구한다. 관용만으로 해결되지 않는 경우라면 아마 단순한 해법은 찾을 수 없을 것이다. 그러나 이 문제가 인류 역사에서 아주 오래된 문제라는 점을 떠올리면 약간이나마 위안이 될지도 모르겠다.

양자론의 코펜하겐 해석에 대한 역제안이라는 문제로 돌아오자면, 이제 두 번째 부류의 제안, 즉 다른 철학적 해석에 도달하기 위해 양자론을 바꾸려 하는 경우를 다룰 때가 왔다. 이 방향으로 가장 세심한 접근을 시도한 사람은 야노시*인데, 그는 양자역학의 명확한 타당성이 고전 물리학의 현실 개념을 포기하라고 유혹한다는 사실을 깨달았다. 그 때문에 그는 양자역학을 개량하여 대부분의 결과를 참으로 놔둔 채로 그 구조만 고전 물리학에 근접하는 쪽으로 바꾸고자 했다. 그가 공격을 집중한 분야는 '파동 다발의 감소'인데, 관찰자가 측정 결과를 인지할 때 파동함수 또는 일반적인 확률함수가 불연속적인 변화를 보이는 현상이다. 야노시는 이런 감소 현상을 미분 방정식으로부터 유도해 낼 수 없음을 발견하고, 이 사실이 보편적인 해석에서 발생하는 모순이라 믿었다. 코펜하겐 해석에서 가능성을 실제로 변환하는 과정이 완료될 경우 항상 '파동 다발의 감소'가 발생한다는 사실은 잘 알려져 있다. 매우 넓은 범주의 가능성을 포괄하는 확률함수가 갑자기 경험에 의해 결과가 특정되면, 즉 실제 사건이 일어나면 순식간에 훨씬 좁은 범주로 줄어드는 것이다. 이런 감소 현상을 수식화할 때에는 양자론의 가장 특징적인 현상이라 할 수 있는 소위 확률간섭을 파괴하는 것이 필요하다. 부분적으로 특정할 수 없고 비가역적

---

* Lajos Jánossy(1912~1978). 헝가리의 물리학자, 천체물리학자, 수학자. 저준위 광자에서 간섭 현상을 관찰하여 양자역학의 입증에 기여했다.

인, 측정 기구의 계와 나머지 세계의 상호 작용에 의해 파괴가 되는 것이다. 야노시는 여기서 소위 말하는 감쇄항을 방정식에 적용하여, 유한한 시간이 흐른 후에 간섭이 저절로 사라져 버리도록 하는 식으로 양자역학을 바꾸려 시도한다. 설령 이렇게 바꾼 결과가 현실에 부합하더라도 — 물론 지금까지 수행한 실험에 따르면 그렇다고 간주할 이유가 조금도 없다 — 아직도 그런 해석에는 야노시 본인도 지적하듯 몇 가지 경종을 울리는 결과물이 따르게 된다(광속보다 빠르게 전파되는 파장, 인과관계에 따른 시간 흐름이 뒤바뀌는 문제 등). 따라서 실험 결과에 의해 반드시 그래야 할 필요성이 등장할 때까지는, 단순한 양자론을 버리고 이런 관점을 따를 이유가 조금도 없다고 할 수 있다.

남은 적수 중에는 종종 양자론의 '정통파' 해석이라 불리는 이론이 존재하는데, 슈뢰딩거는 입자가 아닌 파동만을 '객관적 실체'로 간주할 수 있으며, 파동을 '확률파동만으로' 해석하기에는 아직 준비가 부족하다는 독특한 관점을 견지했다. 〈양자 도약은 존재하는가?〉라는 제목의 논문에서, 그는 양자 도약의 존재 자체를 완전히 부정한다(물론 '양자 도약'이라는 용어의 부적절함을 지적하고 덜 도발적인 '불연속성'이라는 표현으로 바꾸자고 주장할 수는 있을 것이다). 여기서 슈뢰딩거의 논문은 다른 무엇보다 일반적인 해석에 대한 오해를 품고 있다. 그는 일반 해석에서는 대위 공간(또는 '변환행렬')의 파동만이 확률파이며, 3차원 물질파나 방사파는 확률파가 아니라는 사실을 간과하고 있는 것이다. 후자의 파동은 입자보다 더하지도 덜하지도 않은 '실체성'을 지니고 있다. 이런 부류의 파동은 확률파동과 직접적인 연관이 없으며 맥스웰의 이론에서 전자기장이 그렇듯이 연속적인 에너지 밀도와 운동량을 가지고 있다. 따라서 슈뢰딩거가 여기서 일반적인 경우보다 연속성이 강하다고 받아들일 수 있다고 강조한 것은 옳은 지적이라 할 수 있다. 그러나 이렇게 해석한다고 해서 원자물리학 전반에서 찾아볼 수 있는 불연속성이라는 성질이 사라지는 것은 아니다. 가이거 계수기나 점광 계수기를 보면 그런 불연속성을 즉각 확인할 수 있다. 양자론의 일반적 해석에서는 그런 요소가 가능성에서 실제로 변환되는 과정에 포함되어 있다. 슈뢰딩거 본인은 이렇게 모든 곳에서 관찰할 수 있는 불연속성을 일반적 해석과 다른 식으로 어떻게 도입할 것인가에 대해서는 전혀 언급하지 않는다.

마지막으로 아인슈타인, 라우에,[*] 기타 과학자들은 코펜하겐 해석이 물리적 사실에 대한 단 하나의 객관적인 기술을 허용하는지를 여러 편의 논문을 통해 논의해 왔다. 그들의 본질적인 주장은 다음과 같은 식으로 서술할 수 있을 것이다. "양자

---

[*] Max von Laue(1879~1960). 독일의 물리학자. 광학, 결정학, 양자론, 초전도, 상대성이론 등에서 다양한 업적을 쌓았다.

론의 수학적 도해는 원자 단위의 현상을 확률적으로 기술하기에 완벽하게 적절한 것으로 보인다. 그러나 원자 단위 사건의 확률성에 대한 양자론의 주장이 온전히 참이라 하더라도, 이 해석은 관찰 사이에, 또는 관찰과 독립된 곳에서 실제로 어떤 사건이 일어나는지를 기술해 주지는 못한다. 하지만 뭔가 일어나기는 한다는 사실에는 의심의 여지가 없다. 이런 '뭔가'는 굳이 전자나 파장이나 광자의 용어로 기술할 필요는 없으나, 어떻게든 기술을 끝마치기 전까지는 물리학의 임무는 끝나지 않았다고밖에 할 수 없다. 모든 것이 관찰이라는 행위에 달려 있다는 설명만으로는 만족할 수 없다. 물리학자는 과학 연구를 할 때 자신이 만든 세계가 아니라 실제로 존재하는 세계를, 즉 자신이 존재하지 않더라도 근본적으로 아무 변화도 없을 세계를 다룬다는 사실을 잊어서는 안 된다. 따라서 코펜하겐 해석은 원자 단위의 현상에 대한 제대로 된 이해를 제공하지 못하는 셈이다."

이번에도 비판에서 요구하는 것이 과거의 유물론적 존재론이라는 사실을 쉽사리 확인할 수 있다. 그러면 코펜하겐 해석의 관점에서는 이에 대해 어떻게 답해야 할까?

물리학은 과학의 일부이며, 따라서 자연에 대한 이해와 기술이 목적이라 할 수 있다. 과학이든 아니든 모든 종류의 이해는 우리의 언어, 즉 개념의 소통에 달려 있다. 현상이나 실험 및 그 결과에 대한 모든 기술은 언어를 유일한 소통 수단으로 이용해서 벌어진다. 이 언어에서 사용하는 단어는 일상생활에서 사용하는 개념을 나타내던 것인데, 물리학의 과학적 언어에서는 이를 정제해서 고전 물리학의 개념을 설명한다. 이런 개념들은 사건이나 실험 설계나 그 결과에 대해 명확하게 설명하기 위한 수단일 뿐이다. 따라서 원자물리학자를 붙들고 실험에서 실제로 무슨 일이 일어나는지 기술해 달라는 주문을 한다면, '기술' '실제' '일어난다'라는 단어는 고전 물리학 또는 일상의 개념을 의미할 수밖에 없다. 이 기반을 포기하는 물리학자는 명확한 의사소통의 수단을 잃게 되며, 따라서 과학 연구를 계속하는 일이 불가능해진다. 따라서 '실제로 일어나는 일'에 대한 서술은 고전 물리학의 개념을 이용한 서술이며, 열역학과 불확정성원리 때문에 관련된 원자 단위의 사건의 세부 사항을 기술할 때 불완전한 성격을 가질 수밖에 없게 된다. 양자론의 과정에서 두 번의 연속된 관찰 사이에 '무슨 일이 벌어지는지 기술하라'는 요구는 형용모순이라 할 수 있는데, '기술'이라는 용어는 고전적인 개념을 사용할 것을 의미하는 단어이고, 관찰 사이의 공간에서 벌어지는 일에는 고전적 개념이 적용될 수 없기 때문이다. 고전적 개념은 관찰이 일어나는 지점에만 적용할 수 있다.

이 시점에서 양자론의 코펜하겐 해석은 실증적일 수 없다는 점을 다들 눈치챘을 것이다. 실증주의는 관찰자의 감각에 의한 지각을 현실의 요소로 간주하는데, 코펜하겐 해석은 고전 개념으로 기술할 수 있는 사물과 과정, 즉 '실재하는' 것들을 물리학 해석의 근간으로 삼기 때문이다.

동시에 우리는 미소 세계를 다루는 물리학에서 통계적인 성격을 배제할 수 없다는 사실도 알 수 있는데, '실재하는' 것에 대한 지식은 양자론의 법칙 때문에 그 성격상 불완전할 수밖에 없기 때문이다.

유물론적 존재론은 우리 주변 세계에 존재하는 직접적인 '실재'를 통해 원자 단위의 세계를 추론하는 것이 가능하다는 환상에 기반을 두고 있다. 그러나 그런 외삽은 불가능하다.

지금까지 살펴본 양자론의 코펜하겐 해석에 대한 역제안의 기본 구조에 대해서 몇 가지 덧붙이고 싶은 말이 있다. 이런 모든 역제안은 양자론에서 필수적인 대칭성을 희생할 것을 요구한다(파동과 입자의 대칭성이나 위치와 속도의 대칭성 등). 따라서 상대성이론에서 로렌츠 불변이 차지하는 위치와 마찬가지로, 이런 대칭성이 자연의 실제 성질이라면 코펜하겐 해석을 배제하는 것은 불가능하다는 결론에 이르게 된다. 그리고 지금까지 수행된 모든 실험은 이런 관점을 뒷받침하고 있다.

9.
양자론과 물질의 구조

물질이라는 개념은 인류 사상의 역사에서 수없이 많은 변화를 겪었다. 서로 다른 철학 체계들이 서로 다른 해석을 내놓았다. 우리 시대에서 '물질'이라는 단어를 받아들일 때도 어느 정도는 이런 여러 해석의 영향이 남아 있다.

탈레스에서 원자론자들에 이르는 고대 그리스 철학의 경우, 모든 사물의 변화에 대한 하나의 법칙을 찾기 위해 질료라는 개념을 창안해 냈는데, 이는 모든 변화를 경험할 수 있는 근간이 되며 모든 개별 사물이 여기서 탄생하고 다시 이 모습으로 돌아가는 물질이다. 어떤 경우에는 질료를 물이나 공기나 불과 같은 특수한 물질과 부분적으로 동일하다고 간주하기도 했다. 여기서 부분적이라 덧붙이는 이유는 질료란 모든 사물의 근원이 되는 물질이라는 것 외의 다른 특성을 가지지 않기 때문이다.

이후 아리스토텔레스 철학에서는 물질을 형상과 질료의 관계 속에서 이해하고자 했다. 우리가 현상의 세계에서 감지하는 모든 것들은 형상을 가진 질료다. 질료 자체는 현실이 아니라 가능성, 즉 '가능태potentia'일 뿐이며, 질료가 존재하기 위해서는 형상을 획득해야 한다. 자연의 기저 속에서 아리스토텔레스가 말하는 '본질essence'이 가능성에서 형상을 통해 실재에 이르게 된다. 아리스토텔레스의 질료는 분명 물이나 공기처럼 특정 부류의 물질이 아니며, 그렇다고 단순히 텅 빈 공간도 아니다. 명확하게 규정되지는 않지만 실체를 가진 씨앗으로서, 형상을 통해 실재의 세계로 넘어갈 수 있는 가능성을 내재한 존재다. 아리스토텔레스 철학에서 질료와 형상에 대해 흔히 드는 예로는 물질이 형상을 얻어 생명체가 되는 생물학적 과정이나 인간의 행동이 개입해야 하는 작업이 있다. 조각가의 손에 의해 모습을 드러내기 전에도, 석상은 대리석 덩어리 속에 가능성으로서 존재하는 것이다.

그리고 한참 시간이 흐른 후, 데카르트 철학에 이르자 물질은 정신에 반대되는 개념으로 간주되기 시작했다. '물질'과 '정신', 즉 데카르트의 표현에 따르면 '연장실체'와 '사유실체'가 세계를 구성하는 두 가지 상보적 요소가 되었다. 자연과학, 특히 역학에 대한 새롭고 체계적인 원칙이 세워지고, 실체론에 남아 있는 모든 영적인 흔적을 몰아내 버린 상황에서, 물질은 정신이나 기타 초자연적인 힘에서 온전히 분리된 개별적인 실체로 존재할 수 있게 되었다. 이 시기의 '물질'은 '형상을 가진 질료'지만, 여기서 형상을 가지는 과정은 역학의 상호 작용에 의한 인과관계의 연쇄로 해석되었다. 따라서 아리스토텔레스 철학에서 볼 수 있는 씨앗과 같은 영혼과의 연결은 사라졌으며, 질료와 형상의 병존은 더 이상 의미가 없어졌다. 지금 우리가 '물질'이라는 단어를 사용하는 방식에 가장 강한 영향을 끼친 것이 바로 데카르트의 물질 개념이다.

마지막으로 19세기 자연과학에서는 다른 이분법의 체제가 일정한 역할을 수행했는데, 바로 물질과 힘의 병존 체제다. 이 경우 물질은 힘이 작용하는 대상이 되면서 동시에 힘의 원천이 되기도 한다. 예를 들어 물질에서는 중력이 발생하며, 이 힘은 다시 물질에 영향을 끼친다. 물질과 힘은 실존하는 세계를 구성하는 두 가지 명확하게 다른 개념이다. 여기서 물질의 형성에 영향을 끼치는 힘을 놓고 보면, 이런 구분은 아리스토텔레스의 질료와 형상이라는 개념과 상당히 유사한 형태가 된다. 반면 최근의 현대 물리학에서 물질과 힘의 구분은 완전히 사라졌는데, 모든 역장에는 에너지가 포함되며 동시에 물질에 의해 구성되기 때문이다. 모든 역장에는 그에 해당하는 기본 입자가 존재하며, 이 입자들은 다른 모든 원자 단위의 물질과 동일한 특성을 지닌다.

자연과학이 물질의 문제를 탐구하려면 결국 물질의 형상을 연구하는 방법을 택할 수밖에 없다. 물질의 형상이 보이는 무한한 다양성과 변형 가능성이 연구의 직접적 대상이 되어야 하며, 이 방대한 분야를 탐구하는 데 지침이 되는 통합 원리의 역할을 수행할 자연법칙을 찾아내는 데 모든 역량을 집중해야 한다. 따라서 자연과학, 특히 물리학은 아주 오랜 시간 동안 물질의 구조와 그 원인이 되는 힘을 분석하는 데 주의를 기울여 왔다.

갈릴레오의 시대 이래로, 자연과학의 기본 방법론은 실험이었다. 실험이라는 방법을 사용하면 보편적 경험을 특수한 경험으로 압축하고, 보편적 경험 전체를 놓고 볼 때보다 훨씬 직접적으로 자연계의 사건에 존재하는 '법칙'을 탐구할 수 있도록 해 준다. 물질의 구조를 알고 싶다면 물질로 실험을 해야 한다. 물질 속에 숨어 있는 근본적인 특성을 밝혀내려면, 물질을 극단적인 조건에 노출시켜 어떻게 변형되는지를 살펴보고, 겉모습이 다양하게 변하는 와중에도 변하지 않는 요소를 찾아보아야 한다.

현대 자연과학의 초창기에 이런 연구를 수행한 학문은 화학이었으며, 이런 시도는 화학적 원소라는 개념으로 이어졌다. 화학자가 사용할 수 있는 모든 수단, 즉 가열, 연소, 용해, 기타 물질과의 혼합 등을 써도 더 이상 나누거나 파괴할 수 없는 물질을 원소라고 부르게 되었다. 원소 개념을 도입한 것이야말로 물질의 구조를 이해하기 위한 처음이자 가장 중요한 한 걸음이라 할 수 있을 것이다. 적어도 물질의 방대한 다양성이 비교적 적은 수의 기본 물질, 즉 '원소'들로 줄어들기는 했으며, 따라서 다양한 화학 현상을 망라하는 일종의 체계를 수립하는 것이 가능해졌기 때문이다. 따라서 '원자'라는 단어는 화학 원소의 가장 작은 물질 단위에 사용하게 되었으며, 화합물의 가장 작은 입자, 즉 분자는 서로 다른 여러 원자가 모여 만든 작은 집합의 형태로 이해할 수 있게 되었다. 예를 들어 철이라는 원소의 가장 작은 입자는 철 원자가 되며, 물의 가장 작은 입자인 물 분자는 산소 원자 하나와 수소 원자 두 개로 구성되어 있다.

다음 단계도 거의 동등한 중요성을 가지는데, 바로 화학 반응에서 질량이 보존된다는 사실을 발견한 것이다. 예를 들어 탄소 원소를 연소시켜 이산화탄소를 만들면, 그 이산화탄소의 질량은 화학 반응이 일어나기 전의 탄소와 산소의 질량의 합과 동일하다. 이 발견 덕분에 물질이라는 개념에 정량적인 의미를 부여할 수 있게 된 것이다. 즉, 화학적 성질과 관계없이 물질을 양적으로 측정하는 일이 가능해진 것이다.

다음 단계는 주로 19세기에 속해 있으며, 이 시기 동안 여러 가지 새로운 원소가 발견되었다. 우리 시대에 이르러 원소의 수는 백 개에 도달했다. 이런 발전은 화학적 원소라는 개념이 물질을 하나로 묶어 이해하는 단계까지는 도달하지 못했다는 사실을 보여준다. 정량적으로 서로 다르며 특별한 연관 관계를 가지지 않는 수많은 물질이 존재한다고 믿는 것만으로는 어딘가 부족한 것이다.

19세기 초에 서로 다른 원소가 가지는 연관 관계의 증거가 발견되었는데, 여러 종류의 원소들의 원자량이 종종 수소 원자량의 정수 배수의 형태를 가졌기 때문이다. 일부 원소가 보이는 화학적 성질의 유사성은 같은 맥락의 다른 단서였다. 그러나 화학 반응에 관여하는 힘보다 훨씬 강한 힘이 발견된 다음에야, 우리는 서로 다른 원소의 연관 관계를 파악하고 이를 통해 물질의 성질이 가지는 보편적 성질을 이해하게 되었다.

결국 1896년에 베크렐이 방사성 반응 속에서 이런 힘을 발견했다. 퀴리, 러더포드, 기타 여러 과학자들이 그 뒤를 이어 방사성 반응에 의해 원소가 변할 수 있다는 사실을 밝혀냈다. 이런 반응에서는 원자의 조각이 알파 입자의 형태로 쪼개지며, 해당 원소가 화학 반응을 일으킬 때보다 백만 배나 큰 에너지를 방출한다. 따라서 이런 입자는 원자의 내부 구조를 연구하기 위한 새로운 도구로 사용되었다. 1911년 러더포드의 알파 입자 산란 실험은 원자 모형의 구성으로 이어졌다. 이 잘 알려진 모형의 가장 중요한 특성은 바로 원자를 두 개의 명확하게 구별되는 부분, 즉 원자핵과 그 주변의 전자껍질로 나눈다는 것이다. 원자 가운데에 있는 핵은 원자가 점유하는 공간에서 극도로 작은 부분만을 차지하지만(원자핵의 지름은 원자의 지름에 비해 10만 분의 1 정도다) 거의 대부분의 질량을 가지고 있다. 원자핵의 양전하량은 소위 말하는 기본전하량의 정수 배수를 가지며, 이 전하량에 따라 전자 궤도의 형태와 원자핵 주변을 도는 전자의 개수가 정해진다(원자 자체는 전기적으로 중성이어야 하므로).

원자핵과 전자껍질이라는 구분이 이루어지자, 화학의 원소가 물질의 최종 단위이며 원소를 다른 원소로 변하게 하려면 매우 강한 힘이 필요하다는 사실을 적절하게 설명할 수 있게 되었다. 이웃하는 원자들 사이의 화학결합에서는 전자껍질끼리 상호 작용을 하는데, 이런 상호 작용에 필요한 에너지는 비교적 작다. 방전관 안에서 고작 몇 볼트의 전위차에 의해 가속된 전자는 전자껍질을 흥분시켜 방사선을 방출하거나 분자의 화학결합을 파괴하기에 충분할 정도의 에너지를 가진다. 그러나 원자의 화학적 성질은, 설령 전자껍질의 행동에 의해 그 성질을 설명하는 경우라도, 결국 원자핵의 전하량에 따라 결정된다. 원소의 화학적 성질을 바꾸고 싶으면 원자핵을 바꿔야 하며, 여기에는 백만 배는 더 큰 에너지가 필요하다.

그러나 원자핵 모형을 뉴턴 역학을 따르는 계로 생각할 경우, 원자의 안정성을 설명할 길이 없어진다. 앞선 장에서 지적했듯이, 보어의 연구를 따라 이런 원자 모형에 양자론을 도입할 경우에만 설명할 수 있는 현실이 있다. 예를 들자면 다른 원자들과 상호 작용을 했거나 방사능을 방출한 탄소 원자도 이전과 동일한 전자껍질을 가지는 탄소 원자로 남게 된다. 이런 원자의 안정성은 원자 구조의 시공간에 대한 단순한 객관적 서술을 허용하지 않는 양자론의 성질을 도입할 경우 손쉽게 설명할 수 있다.

이렇게 해서 마침내 물질을 이해하기 위한 첫 번째 초석이 놓였다. 원자의 화학적 또는 기타 특성은 전자껍질에 양자론의 수학 공식을 적용하여 구할 수 있다. 이 사실에서 출발하여, 물질의 구조 분석은 서로 정반대인 두 가지 방향으로 뻗어나갈 수 있다. 하나는 원자들의 상호 작용을 연구하고 그 상호 작용이 보다 큰 단위, 즉 분자나 결정이나 생물체에 어떤 식으로 연결되는지를 탐색하는 것이다. 다른 하나는 원자핵과 그 구성 단위를 연구하여 물질의 궁극적인 합일을 이룩하는 것이다. 지난 수십 년 동안 이 양쪽 분야 모두로 연구가 이루어졌으며, 이어지는 장에서 우리는 양자론이 이 양쪽의 분야에서 어떤 역할을 수행하는지를 살펴볼 것이다.

이웃 원자에 대해 작용하는 힘은 주로 전기력으로, 반대 전하끼리는 끌어당기고 같은 전하끼리는 밀어낸다. 따라서 핵은 전자를 끌어당기며 다른 핵을 밀어낸다. 그러나 이런 힘은 뉴턴 역학의 법칙이 아니라 양자역학의 법칙에 따라 작용한다.

이 때문에 원자 사이에는 두 가지 종류의 결합이 가능하다. 어떤 결합에서는 원자 속의 전자가 다른 원자로 넘어가 거의 닫힌 원자껍질을 형성하게 된다. 이 경우 양쪽 원자는 서로 반대 전하를 가진 채로, 물리학자들이 이온이라 부르는 상태가 된다. 반대 전하를 가지게 된 두 이온은 서로를 끌어당겨서 이온결합을 형성한다.

다른 결합에서는 하나의 전자가 양자론의 특성을 따라 양쪽 원자에 모두 속한 상태가 된다. 전자 궤도의 모형을 대입해 보면 이 전자가 시간을 분할해 양쪽 궤도를 모두 돈다고 할 수 있을 것이다. 이런 부류의 결합은 화학에서 공유결합이라 부르는 형태에 대응한다.

어떤 혼합물에서도 발생할 수 있는 이런 두 종류의 힘은 원자가 다양한 형태로 모이도록 해 주며, 물리학과 화학의 연구 대상이 되는 다양한 물질로 구성된 복잡한 구조체가 만들어지는 궁극적인 원인으로 보인다. 화합물은 서로 다른 원자 사이에 작은 닫힌 구조가, 즉 화합물 분자가 생겨나면서 형성된다. 결정은 원자가 일정한 격자 형태로 배열되며 탄생한다. 금속은 원자가 너무 빽빽하게 포개져서 전자들이 껍질을 떠나 결정 전체를 자유롭게 돌아다닐 수 있는 상태다. 자기력은 전자의 스핀 운동 때문에 생겨난다.

이 모든 경우에서 물질과 힘의 양가성은 여전히 유지될 수 있는데, 원자핵과 전자를 전자기력에 의해 결합되어 있는 물질의 아주 작은 파편으로 여길 수 있기 때문이다.

이런 식으로 물리학과 화학은 물질의 구조에 대한 연구에서 거의 완벽한 결합을 이루었지만, 생물학은 좀 더 복잡하고 조금 다른 부류의 구조체를 다룬다. 생명체 자체의 완결성에도 불구하고 생명을 가지는 물질과 그렇지 않은 물질을 명확하게 구분하는 일은 사실상 불가능하다. 생물학의 발전은 특수한 거대 분자나 그런 분자의 군집 또는 상호연결로 만들어진 물질이 생명체 내에서 지정된 역할을 수행하는 경우를 아주 많이 보여주었으며, 현대생물학에서는 생물학의 기작을 물리학과 화학 법칙으로 설명하려는 경향이 점점 늘어가고 있다. 그러나 생명체가 보이는 안정성은 결정이나 원자가 보이는 안정성과는 어딘가 다른 부류의 것이다. 형상의 안정성이라기보다는 기작이나 역할의 안정성이라 해야 하는 것이다. 양자론의 법칙이 생명 현상에서 매우 중요한 역할을 수행한다는 사실에는 의심의 여지가 없다. 예를 들어, 특정 양자론의 힘을 화학의 원자가 개념으로 기술하려면 부정확할 수밖에 없는데, 이런 힘은 거대한 유기 분자나 그 구조에 존재하는 다양한 기하학적 패턴을 이해할 때 필수적이다. 방사선을 이용한 생물 돌연변이 실험을 할 때는 통계적인 양자론의 법칙과 방사선을 설명할 이론이 필요하다. 우리 신경계의 기작과 현대적인 전자 컴퓨터의 유사성은 양자론의 기초적인 작용이 생명체에서 얼마나 중요한 역할을 수행할 수 있는지를 다시 한 번 보여준다. 그러나 이 모든 사실은 물리학과 화학에 진화라는 개념만 첨가하면 생명체를 완벽하게 기술할 수 있게 되리라는 희망의 증거가 되지는 않는다. 실험과학자가 생물학의 기작을 다룰 때에는 물리학이나 화학의 작용에 비해 훨씬 세심한 주의를 기울여야 한다. 보어가 지적했듯이, 생명체에 대해서는 물리학자의 입장에서 볼 때 온전하다고 말할 수 없는 기술만이 가능할 수도 있는데, 물리학자를 만족시킬 정도의 실험은 생물체의 기능에 너무 심각하게 간섭할 것이기 때문이다. 보어는 이런 상황을 놓고 생물학의 탐구 대상이 우리가 직접 수행하는 실험의 결과가 아니라 우리가 속한 자연계에 존재하는 가능성이 이미 실현된 상태이기 때문이라고 지적했다. 현대 생물학 연구의 방법론이 가지는 경향, 즉 물리학과 화학의 모든 방법론과 연구 결과를 이용하면서도, 동시에 생명 자체처럼 물리학이나 화학에 포함되지 않는 개념에 기반을 두고 유기체의 특성을 서술하려는 경향을 보면 이런 상보적인 성질을 확인할 수 있다.

지금까지 우리는 물질 구조의 분석을 한쪽 방향으로만 탐구했다. 원자에서 출발해서 많은 수의 원자로 구성된 좀 더 복잡한 구조로, 원자물리학에서 출발해서 고체물리학으로, 화학으로, 이어서 생물학으로 나아갔다. 이제 그럼 방향을 돌려서 원자의 외부에서 내부로, 핵에서 기본 입자로 탐구의 방향을 돌려 보자. 이쪽 방향의 연구에 모든 물질의 통일성을 찾아낼 수 있는 가능성이 존재할지도 모른다. 이쪽 방향에서는 실험을 통해 구조의 특성을 파괴하지는 않을지 두려워할 필요가 없다. 물질의 최종적인 통일성을 확인하는 임무에 돌입하면, 물질을 가장 강한 힘에, 가장 극단적인 환경에 노출시켜 특정 물질이 근본적으로 다른 물질로 변할 수 있는지를 확인해야 한다.

이쪽 방향의 첫 번째 단계는 원자핵의 실험적 분석이었다. 이 연구의 초기 단계는 대략 우리 세기의 첫 30년 정도를 차지하는데, 원자핵에 사용할 수 있는 유일한 실험 도구는 방사성 물질이 방출하는 알파선 입자뿐이었다. 러더포드는 이 입자의 도움을 받아 1919년에 가벼운 원소의 원자핵을 바꾸는 일에 성공했다. 이를테면, 그는 질소 원자핵에 알파선 입자를 추가하고, 동시에 양성자 하나를 떼어냄으로서 산소 원자핵을 만들어낸 것이다. 이는 원자핵 단위에서 화학적 작용과 유사한 작용을 일으킨 첫 사례로 남았고, 원소를 인위적으로 변환할 수 있음을 보여주었다. 이어진 중요한 단계는 잘 알려져 있듯이 고전압 장비를 이용해 양성자를 핵의 변성이 일어나기에 충분할 정도의 에너지를 가지도록 가속시키는 것이었다. 그 정도의 에너지를 주기 위해서는 대략 1백만 볼트 정도의 전압이 필요하며, 콕크로프트와 월턴은 결정적 실험에서 리튬 원자의 원자핵을 헬륨 원자의 원자핵으로 바꾸는 데 성공했다.* 이들의 발견은 완전히 새로운 연구 방법론을 개척했는데, 이를 진정한 의미의 원자물리학이라 불러도 좋을 것이며, 얼마 지나지 않아 원자핵의 구조를 정성적으로 이해할 수 있는 길을 열어 주었다.

원자핵의 구조는 사실 매우 단순하다. 원자핵은 단 두 종류의 기본 입자로 구성되어 있다. 하나는 단순히 수소의 원자핵이기도 한 양성자이며, 다른 하나는 양성자와 거의 비슷한 질량을 가지지만 전기적으로는 중성인 중성자다. 원자핵의 특성은 그를 구성하는 양성자와 중성자의 개수에 따라 결정된다. 예를 들어 일반적인 탄소 원자는 6개의 양성자와 6개의 중성자로 이루어져 있다. 드물기는 하지만 양성자 6개에 중성자 7개 등의 다른 형태의 탄소 원자핵도 존재한다(이런 원자는 앞의 일반적인 경우의 동위원소라고 부른다). 이렇게 해서 마침내 수많은 화학적 원소 대신 양성자, 중성자, 전자라는 세 가지 기본 단위

---

* 1932년, 영국의 물리학자 콕크로프트(Sir John Douglas Cockcroft)와 월턴(Ernest Walton)은 콕크로프트-월턴 장치라는 일종의 가속기를 만들어서 최초로 원자핵을 인공적으로 파괴하는 데 성공했다. 콕크로프트와 월턴은 이 연구로 1951년 노벨물리학상을 수상했다.

로 물질을 서술할 수 있게 된 것이다. 모든 물질은 원자로 이루어져 있으며, 따라서 이 세 가지의 기본 벽돌로 구성되어 있다고 할 수 있을 것이다. 아직 물질의 통합에는 도달하지 못했지만, 통일성과 아마도 그보다 더 중요한 단순성을 획득하기 위한 중요한 한 걸음을 옮긴 것이라 간주해도 좋을 것이다. 물론 원자핵을 구성하는 두 가지 기초 단위를 알았다고 해서 그 구조를 이해하는 기나긴 여정이 끝난 것은 아니다. 이 문제는 20년대 중반에 해결된 원자 외곽의 껍질의 문제와는 사뭇 다른 형태다. 전자껍질에서 입자 사이에 작용하는 힘은 상당히 정확하게 알려져 있었지만 그에 작용하는 역학 법칙을 발견하는 일이 문제였고, 마침내 양자론의 등장으로 문제가 해결되었다. 원자핵의 역학 법칙의 문제에서는 양자역학의 법칙을 그대로 적용할 수 있지만, 입자 사이에 작용하는 힘은 그때까지 알려져 있지 않았고, 결국 실험을 통해 도출한 원자핵의 성질로부터 유추해 내야 했다. 이 문제는 아직 온전히 해결된 것은 아니다. 이 힘은 아마도 전자껍질에 작용하는 전자기력처럼 단순한 형태를 가지지는 않을 것이며, 따라서 복잡한 힘을 계산할 때의 수학적 어려움과 실험의 부정확도가 진전을 저해한다. 그러나 원자핵의 구조에 대한 정성적인 이해는 분명 이미 달성되었다고 할 수 있다.

그러면 이제 마지막 남은 문제는 모든 물질의 통합뿐이다.

이 세 가지의 구성 요소, 즉 양성자와 중성자와 전자가 더 이상 분해할 수 없는 물질의 최종 형태, 즉 데모크리토스가 생각한 원자인 것일까? 상호 작용하는 힘 외에는 아무 연관 관계도 없는 것일까, 아니면 동일한 물질이 서로 다른 형태를 가지는 것일까? 다른 소립자로, 또는 아예 다른 형태의 물질로 변환되는 것이 가능할까? 실험을 통해 이런 문제의 해답을 얻기 위해서는 원자핵을 연구할 때보다 훨씬 큰 힘과 에너지를 원자 속 입자에 집중해야 한다. 원자핵에 저장된 에너지는 그런 실험에 사용할 도구로는 부족하기 때문에, 물리학자들은 우주의 힘을 끌어오거나 공학자들의 창의성과 기술에 의지해야 한다.

사실 양쪽 모두 진전이 있었다. 전자의 방법론에서 물리학자들은 소위 말하는 우주선cosmic radiation을 이용한다. 항성의 표면에는 광대한 공간을 차지하는 전자기장이 존재하며, 특정 조건 하에서는 이런 전자기장이 원자 속의 원자핵이나 전자를 가속한다. 관성이 보다 큰 원자핵 쪽이 가속장 속에서 좀 더 긴 거리를 이동할 가능성이 높으며, 이런 원자핵이 항성의 표면을 떠나 빈 공간 속으로 방출될 즈음에는 이미 수십억 볼트의 전위를 지닌다. 심지어 다른 항성들 사이의 자기장을 거치며 더 가속될 수도 있다. 어쨌든 이런 원자핵은 다양한 자기장을 통과하며 오랫동안 은하계 속을 날아다녀서, 마침내 이 공간을 흔히 말하는 우주 복사로 가득 채우게 된다. 이렇게 지구 밖에서 쏟아져 들어오는 복사는 수소나 헬륨이나 보다 무거운 원소까지 말 그대로 모든 종류의 원자핵으로 구성되어 있으며, 1억에서 10억 전자볼트*에 달하는 에너지를 지니고, 드물게는 그 백만 배의 에너지를 가지기도 한다. 이런 우주 복사 입자가 지구 대기권에 진입하면 대기 중의 질소나 산소 원자와 충돌하거나, 복사에 노출되어 있는 실험 장비의 원자와 충돌하는 경우가 발생한다.

후자의 연구 방향은 거대한 가속기를 건설하는 것인데, 로렌스는 소위 말하는 사이클로트론의 원형이라 할 수 있는 가속기를 30년대 초반에 캘리포니아에 건설했다. 이 기계는 거대한 자력장 속에서 대전된 입자들을 계속해서 회전시키면 전기장에 의해 계속 밀쳐지며 가속될 것이라는 착상에 근원을 두고 있다. 영국에서는 수억 전자볼트의 에너지에 도달할 수 있는 기계를 사용하고 있으며, 유럽 12개국의 협력을 받아 제네바에 건설 중인 거대한 기계는 2천5백억 전자볼트의 에너지에 도달할 수 있으리라 기대하고 있다.** 우주 복사나 거대한

---

* electron volt(eV). 전자가 1볼트의 전위차에 의해 진공 속에서 가속될 때 얻는 운동 에너지를 1eV라 정의하며, 그 크기는 1.602×10^{-19}J이다.
** CERN 최초의 입자가속기인 LINAC1은 이 강의로부터 1년 후인 1959년에 처음 가동되었다.

가속기에 의해 수행한 실험은 물질의 새롭고 흥미로운 성질을 드러내 주었다. 물질을 구성하는 세 가지 기본 단위, 즉 전자, 양성자, 중성자 외에도, 높은 에너지 준위에서 생성되었다 짧은 시간 후에 사라지는 새로운 기본 입자들이 발견된 것이다. 이런 새로운 입자들은 그 불안정성을 제외하면 기존의 입자들과 유사한 특성을 가진다. 가장 안정된 입자도 1백만 분의 1초 정도밖에 살아남지 못하며, 다른 입자들은 그 1천 분의 1 정도밖에 되지 않는다. 지금까지 25가지의 새로운 기본 입자가 알려져 있으며, 가장 최근에 발견된 것은 반양성자였다.

이런 결과들은 얼핏 보기에는 물질의 통합이라는 목표에서 멀어져 가는 것으로 보이는데, 물질의 기본 요소의 수가 화학 원소의 수에 비견할 수 있을 정도로 늘어나 버렸기 때문이다. 그러나 이는 적절한 해석이 아니다. 이 실험은 동시에 기본 입자가 다른 기본 입자로부터, 또는 단순히 그런 입자의 운동에너지로부터 생성될 수 있으며, 붕괴를 통해 다른 입자로 돌아갈 수 있다는 사실 또한 증명해 보였기 때문이다. 사실 이 실험은 물질의 완벽한 변용성을 입증했다고도 할 수 있을 것이다. 모든 기본 입자는 충분한 에너지만 공급해 주면 다른 입자로 변할 수도 있거나, 운동 에너지로부터 생성되거나 소멸하여 에너지로, 이를테면 방사선으로 돌아갈 수도 있는 것이다. 따라서 우리는 사실 물질 통합의 절대적인 증거를 발견한 것이다.

모든 기본 입자는 동일한 질료로 구성되어 있으며, 우리는 이를 에너지 또는 보편적 질료라고 부를 수 있을 것이다. 그저 어떤 물질의 형태로 나타날 수 있는지만 다를 뿐이다.

이 상황을 아리스토텔레스의 질료와 형상 개념과 비교해 보면, 아리스토텔레스가 단순히 '가능태'라 말한 질료를 우리의 에너지 개념에 비교할 수 있다. 이 에너지는 기본 입자가 되는 순간 형태를 얻어 '실체'가 되는 것이다.

현대 물리학은 물론 물질의 기본 구조를 정성적으로 기술하는 데에 만족하지 않는다. 세심한 실험을 통한 탐구를 기반으로 해서 질료의 '형상', 즉 기본 입자와 그에 작용하는 힘을 결정하는 자연법칙을 발견하고 수학으로 공식화하는 과정이 필요하다. 물리학의 이쪽 영역에서는 더 이상 물질과 힘을 명확하게 구분하는 것이 불가능한데, 모든 기본 입자가 동일한 힘을 생성하고 힘의 작용을 받을 뿐 아니라, 동시에 특정 역장을 표현하는 역할도 수행하기 때문이다. 양자론에 존재하는 파동과 입자의 이중성은 하나의 존재를 물질과 힘의 두 가지로 동시에 나타나게 해 준다.

지금까지 기본 입자에 연관된 법칙을 수학적으로 기술하려는 시도는 모두 역장의 양자론에서 시작되었다. 이쪽 방향의 이론적 연구가 시작된 것은 30년대 초반이지만, 최초의 연구는 양자론과 특수 상대성이론을 결합하려는 시도에 따라오는 근본적이고 심각한 문제를 드러내고 말았다. 얼핏 보기에는 양자론과 상대성이론은 서로 동떨어진 자연의 성질을 다루기 때문에 아무 관계도 없어 보이며, 같은 체계 안에서 두 이론의 기본 조건을 만족시키는 일 또한 크게 어렵지 않아 보인다. 그러나 좀 더 자세히 살펴보면 두 이론이 한 지점에서 서로 간섭한다는 사실을 알 수 있으며, 바로 여기서 온갖 난점이 발생한다.

특수 상대성이론은 시공간의 구조가 뉴턴 역학 이후 보편적으로 가정해 온 모습과는 사뭇 다르다는 사실을 드러내 보였다. 이렇게 새로 발견된 구조의 가장 큰 특징은 운동하는 물체나 신호가 절대 넘을 수 없는 광속이라는 최대 속도가 존재한다는 점이다. 바로 이 때문에 멀리 떨어진 곳에서 일어나는 서로 다른 두 사건의 경우, 한 지점에서 사건이 벌어진 순간 출발한 빛의 신호가 다른 지점에 다른 사건이 벌어진 후에 도착한다면, 이 두 사건에는 인과관계가 존재할 수 없다. 그 역의 경우도 마찬가지며, 이 경우 두 사건을 동시에 일어났다고 기술하는 것이 가능하다. 한 지점에서 벌어진 사건이 다른 지점에서 다른 사건이 벌어진 순간 영향을 끼칠 수 없으므로, 두 사건은 인과관계로 연결될 수 없는 것이다.

바로 이 때문에 원거리에서 벌어지는 작용, 이를테면 뉴턴 역학의 중력은 특수 상대성이론과 양립할 수 없다. 특수 상대성이론을 적용하려면 두 지점 사이에 일어나는 모든 작용을 무한대로 가까운 이웃 지점들로 전달되는 작용으로 변환해야한다. 이런 부류의 작용을 표현하는 가장 자연스러운 수학적표현은 로렌츠 변환에 대해 불변인 파동이나 역장의 미분 방정식이 될 것이다. 이런 미분 방정식은 '동시에' 일어나는 사건들 사이의 모든 직접적인 작용을 배제한다.

따라서 특수 상대성이론에 따라 표현하는 시공간 구조는'동시'의 영역을 '작용이 전달될 수 없는 곳'으로 극도로 첨예하게 규정하며, 그 외의 영역에서만 사건에서 사건으로 작용이직접 전달되는 것을 허용한다.

반면 양자론의 불확정성원리는 위치와 운동량, 또는 시간과에너지를 동시에 측정하는 일에는 명확한 한도가 존재한다고말한다. 무한히 첨예하게 규정된 경계가 존재한다는 말은 결국시공간 속의 위치에 대해 무한대의 정확성을 가지면서 동시에운동량 또는 에너지가 완벽하게 결정되지 않은 상태거나, 좀더 현실적으로 말하자면 엄청나게 높은 확률로 임의적으로 높은 운동량과 에너지가 발생해야 하는 상태라는 뜻이다. 따라서특수 상대성이론과 양자론의 요구 조건을 동시에 만족시키려는 이론은 결국 수학적 일관성이 부족해져, 극도로 높은 운동량과 에너지를 가지는 영역에서는 불일치를 보일 수밖에 없다.이런 일련의 결과는 완벽하게 확정된 것이라고는 할 수 없는데, 이런 부류의 공식화 과정은 매우 복잡하기 때문에 어쩌면 양자론과 상대성이론의 충돌을 피할 수 있는 수학적 가능성이 숨어 있을 수도 있기 때문이다. 그러나 지금까지 시도한 모든 수학적 방법론은 전부 불일치, 즉 수학적 모순으로 이어지거나 양쪽 이론의 모든 요구 조건을 만족시키지 못했다. 그리고 이런 난점이 지금까지 여기서 논의한 문제에서 발생한 것이라는 점은 어렵지 않게 파악할 수 있다.

수렴하는 수학 공식이 어떤 식으로 상대성이론이나 양자론의 요구 조건을 만족시키지 못하는지를 살펴보는 것도 흥미로울 것이다. 예를 들어 어떤 공식은 시공간 속의 실제 사건으로 간주하고 해석한 공식이 일종의 시간 역행이라는 결과로 이어진다. 즉, 공간의 특정 지점에서 입자가 생성되고, 이후 다른 지점에서 기본 입자들의 충돌로 인해 그 생성에 필요한 에너지가 공급된다는 예측을 하게 된 것이다. 물리학자들은 실험을 통해 이런 부류의 작용이 자연계에서 일어나지 않을 것이라 확신한다. 적어도 시공간 상에서 측정할 수 있는 거리를 사이에 두고 분리되어 있는 두 작용의 경우에는 그렇다. 다른 수학적 해결책에서는 재규격화를 통한 환치계산법이라는 방식을 사용하여 무한대 발산 문제를 해결하려 한다. 이 방식을 사용하면 전자의 에너지가 가지는 무한값을 정상 계산의 영역으로 밀어넣어 실제 관측한 양적 결과와 명확한 연관을 가지도록 하는 일이 가능해 보인다. 사실 이런 방식은 양자 전기역학을 상당히 발전하게 해 주었는데, 지금까지 이해할 수 없었던 수소 원자 스펙트럼의 미소 이동*이라는 흥미로운 특성의 이유로 간주되었기 때문이다. 그러나 이 계산 방식을 좀 더 자세히 살펴보면 특정 조건 하에서 환치계산법을 적용할 때 양자론의 정량적 성질이 음수값을 가지게 되는 경우가 발생하게 된다. 이는 물질을 기술할 때 수학 공식을 일관적으로 적용하지 못하게 만든다.

이런 난점에 대한 최종 해결책은 아직 발견되지 않았다. 여러 종류의 기본 입자들과 그 입자들의 생성과 소멸, 그 사이의 힘에 대한 정확한 실험 자료가 더 많이 모이면 언젠가는 해결책이 등장할지도 모른다. 이런 난점을 해결할 답을 찾으려 하는 사람이라면, 우리가 현재 사용하는 실험 장비의 영역 밖에 존재하는 극도로 좁은 시공간의 영역에서는 앞서 이야기한 시간 역행과 같은 문제들을 실험을 통해 완전히 배제할 수 없다는 사실을 기억해 두는 편이 좋을 것이다. 물론 우리가 지금 일반적인 원자 단위의 사건을 추적할 수 있는 것처럼 훗날 이런 사건들 또한 실험을 통해 탐구할 수 있는 가능성이 존재한다

---

* 수소 원자의 선스펙트럼에 디랙의 예측과 다른 미세한 선이 생기는 현상으로, 램 이동Lamb Shift이라고도 부른다. 재규격화를 통해 무한대를 전자의 질량에 집약시킴으로서 에너지를 유한값으로 치환하는 방식으로 도모나가 신이치로, 슈빙거 등이 해석했다.

고 생각하면, 이런 작용의 존재를 받아들이기에는 미심쩍다는 생각이 들 수도 있을 것이다. 그러나 양자론과 상대성이론을 분석해 보면 이번에도 문제를 새로운 시각에서 볼 수 있을지도 모르겠다.

상대성이론은 자연계에 존재하는 보편 상수, 즉 광속과 연관이 있다. 이 상수는 시간과 공간 사이의 관계를 특정하며, 따라서 로렌츠 불변성의 조건을 만족시키는 모든 자연법칙에는 반드시 이 상수가 포함되어야 한다. 우리의 자연언어와 고전 물리학의 개념은 광속을 무한한 것으로 간주할 수 있는 현상에만 적용된다.

따라서 광속에 근접하는 실험을 하게 될 경우, 우리는 이런 개념으로 해석할 수 없는 결과에 직면할 준비를 해야 한다.

양자론은 다른 자연계의 보편 상수, 즉 플랑크 상수와 연관이 있다. 시공간 속에서 일어나는 사건에 대한 객관적인 기술은 비교적 큰 규모의 사물 또는 작용에 일어나는 사건일 경우, 즉 플랑크 상수를 무한히 작은 것으로 간주할 수 있는 경우에만 가능하다. 실험이 플랑크 상수, 즉 작용 양자가 필수적인 영역으로 다가가게 되면 이 책의 앞부분에서 논의했던 온갖 난점에 직면하게 된다.

자연계에는 분명 세 번째의 불변하는 보편 상수가 존재할 것이다. 이는 순전히 차원의 영역을 고려해 보면 명백한 일이다. 보편 상수란 자연계의 규모를, 즉 다른 양적 성질로 환원할 수 없는 특징적인 양적 성질을 결정하는 요소다. 그리고 단위를 하나로 묶어 표현하기 위해서는 적어도 세 개의 기본 단위가 필요하다. 물리학자들이 사용하는 센티미터-그램-초 체계가 가장 쉬운 예일 것이다. 길이 단위, 시간 단위, 무게 단위가 있으면 모든 양적 성질을 모두 나타낼 수 있기 때문에, 항상 이 세 가지 단위가 필요하다. 다른 경우에는 길이, 속도, 질량의 단위를 사용할 수도, 길이, 속도, 에너지의 단위를 사용할 수도 있을 것이다. 하지만 어느 경우에나 적어도 세 가지 기본 단위가 필요하다. 그러나 광속과 플랑크 상수는 두 가지 단위를 구성할 뿐이다. 분명 어딘가 세 번째 단위가 존재할 것이며, 이 세 번째 단위를 포함하는 이론이 등장해야만 기본 입자의 질량이나 기타 특성을 확정하는 일이 가능해진다. 우리가 기본 입자에 대해 현재 알고 있는 내용을 종합해 보면, 이런 세 번째 보편 상수를 도입하기에 가장 적절한 방법은 보편적인 길이 단위를 가정하는 것이다. 이는 대략 10^{-13}cm 정도가 될 것이며, 가벼운 원소의 원자핵의 반지름보다 약간 작은 정도다. 이런 세 가지 단위로부터 질량에 상응하는 차원의 표현을 만들어낼 수 있다면, 그 값은 기본 입자의 질량과 비슷한 규모를 가지게 될 것이다.

만약 자연법칙에 이런 식의, 길이의 형태이며 10^{-13}cm와 같은 규모의 세 번째 보편 상수가 존재한다고 가정하면, 우리는 다시 한 번 일반적인 개념을 그 보편 상수에 비해 크다고 간주할 수 있는 시공간 영역까지 적용하는 것이 가능하다. 물론 이런 경우라도, 실험이 원자핵의 반지름보다 작은 시공간 영역에 접근하게 되면, 우리는 현상에 대한 새로운 정성적 성질이 등장할 경우를 대비하고 있어야 한다. 따라서 지금까지는 이론 탐구에서 수학적 가정으로만 모습을 드러낸 시간 역행이라는 현상은 이런 미소 영역에 속해 있을 가능성이 있다. 만약 그렇다면 그 현상은 고전 개념을 사용해 기술할 수 없을 것이다. 이런 작용은 아마도 관찰 가능하고 고전 용어로 기술할 수 있는 한도 내에서는 일반적인 시간 방향을 따를 것이다.

그러나 이런 모든 문제는 원자물리학이 미래에 연구할 분야다. 고에너지 영역과 수학적 해석을 결합하면 물질의 통일성을 완벽하게 이해할 수 있으리라는 희망을 가질 수 있을지도 모른다. 여기서 '완벽한 이해'란 아리스토텔레스 철학에서 말하는 물질의 '형상'이, 물질에 대한 자연법칙을 나타내는 완결된 수학 체계의 해로서 구현된다는 뜻이다.

10.
현대 물리학의 언어와 실제

과학 역사의 전반에 걸쳐 새로운 발견과 착상은 항상 학계의 논쟁을 불러일으키고 그 새로운 착상을 비판하는 저작을 배출했으며, 이런 비판은 종종 그 새로운 개념의 발전에 도움을 주었다. 그러나 이런 논란이 상대성이론의 발견, 또는 그보다 약하지만 양자론의 발견에 뒤이은 논란처럼 격렬하게 발전한 경우는 예전에는 없었다. 양쪽 모두 과학의 문제가 결국 정치적인 쟁점과 연결되었고, 일부 과학자들은 정치적 방법을 이용해 자신의 관점을 설파하기 시작했다. 최근 현대 물리학의 발전에 대한 격렬한 반응을 이해하려면 우선 물리학의 근간이 움직이기 시작했으며, 이 움직임이 과학 전체의 뿌리를 잘라내는 것처럼 느껴질 수 있다는 것을 깨달아야 한다. 동시에 이는 어쩌면 아직 새로운 상황을 표현할 적절한 언어를 찾아내지 못했다는 뜻일 수도 있다. 즉, 새로운 발견에 대해 사방에서 열의에 넘쳐 쏟아내는 설명들이 온갖 오해를 조장하고 있는 것이다. 이는 물론 근본적인 문제다. 우리 시대의 실험 기술의 발전 덕분에, 일반적인 개념의 용어를 사용해서는 기술할 수 없는 자연계의 특성을 과학의 시야에 넣을 수 있게 된 것이다. 그렇다면 그런 특성을 기술할 때는 어떤 언어를 사용해야 할까? 이론물리학에서 과학적 명확함을 추구하는 과정에서 제일 먼저 등장하는 언어는 보통 실험 결과를 예측하게 해 주는 수학적 언어, 즉 수학 공식이다. 물리학자라면 수학 공식을 확보하고 그 공식을 이용해 실험을 해석하는 방법을 파악하면 만족하게 된다. 그러나 물리학자는 실험 결과를 물리학자가 아닌 사람들에게도 설명해야 하고, 그런 사람들은 누구나 이해할 수 있는 평범한 언어로 설명을 해 주기 전까지는 만족하지 못한다. 게다가 물리학자에게도 평범한 언어를 통한 기술이 가능하다는 것은 그가 일정 이해 수준에 도달했다는 증표가 될 것이다. 그렇다면 이런 기술이 실제로 어느 정도까지 가능한 것일까? 원자 자체에 대해 이야기하는 것은 가능한 일인가? 이는 물리의 문제만이 아니라 언어의 문제이기도 하며, 따라서 언어 전반과 과학에서 사용하는 언어에 대해 몇 가지 설명을 하고 넘어가야 할 것이다.

언어는 선사시대의 인류가 의사소통을 하고 사고의 기반으로 사용하기 위해 개발했다. 언어가 형성되기까지의 다양한 과정에 대해서는 별로 알려진 것이 없지만, 오늘날의 언어는 그리 정확하지 않은 일상 사건을 표현할 때 적절한 도구로 사용할 수 있는 수많은 개념을 포함하고 있다. 이런 개념들은 비판적 분석을 한 것이 아니라, 언어를 실제로 사용하면서 천천히 획득한 것이며, 우리는 어떤 단어를 충분히 자주 사용하고 나면 그 단어의 뜻을 이해하고 있다고 믿게 된다. 물론 단어가 겉보기처럼 명확하게 정의되어 있지 않으며 그 적용 범위에도 한계가 존재한다는 사실은 잘 알려져 있다. 예를 들어 쇠 한 조각이나 목재 한 조각이라는 표현은 쓸 수 있지만, 물 한 조각이라는 표현은 사용하지 않는다. '조각'이라는 표현은 액체 상태의 물질에는 적용되지 않는 것이다. 다른 예를 들어 보자. 개념의 한계에 대해서 언급할 때 보어는 다음과 같은 이야기를 즐겨 하곤 했다.

"꼬마 하나가 1센트 동전 하나를 손에 들고 식료품점으로 들어가서 물었다. '섞인 맛 사탕 1센트 어치만 주실 수 있나요?' 가게 주인은 사탕 두 개를 꺼내 꼬마에게 건네며 대꾸한다. '여기 사탕 두 개 주마. 섞는 건 직접 해라.'"

개념과 단어 사이의 관계가 가지는 문제에 대한 보다 진지한 예를 들자면, 색맹인 사람들도 '붉은색'이나 '녹색'이라는 단어를 사용한다는 사실이 있을 것이다. 색맹인 사람에게는 이

런 단어의 적용 범주가 다른 사람들과는 상당히 다를 텐데도
말이다.

단어의 의미가 본질적으로 불명확할 수밖에 없다는 사실은
물론 예전부터 알려져 있었으며, 따라서 특정 단어를 어디에는
사용하고 어디에는 사용하지 않을지의 경계선을 확립하는 '정
의'를 내릴 필요가 생겼다. 그러나 정의를 내리기 위해서는 다
른 개념의 도움이 필요하며, 따라서 결국 해석이나 정의가 끝
나지 않은 상태의 개념을 빌려올 수밖에 없는 상황이 발생한
다.

그리스 철학에서 언어의 개념이라는 문제는 소크라테스 이
후 주요 주제로 다루어졌다. 플라톤의 대화록에 등장하는 예술
적인 묘사를 믿는다면, 소크라테스의 삶은 언어의 개념과 표
현 방식의 한계에 대한 계속되는 토론의 과정이었다. 아리스토
텔레스는 과학적 사고를 위한 탄탄한 기반을 확립하기 위해서
내용을 불문하고 언어의 형태와 귀결 및 추론의 형식 구조를
분석하기 시작했다. 이런 방식을 통해 그는 당대의 그리스 철
학에서 유례를 찾아볼 수 없을 정도의 추상성과 명징성을 획
득했으며, 이를 통해 우리의 사고방식의 체계를 확립하고 명
확하게 만드는 데 엄청난 기여를 했다. 사실 아리스토텔레스가
과학 언어의 주춧돌을 놓았다고 할 수 있을 것이다.

반면 언어를 논리적으로 분석할 때는 항상 과도한 단순화를

저지를 위험성이 따라온다. 논리학에서는 전제와 추론의 명확한 관계, 간단한 형식의 추리 등 매우 특수한 구조에만 신경을 쓰고 언어의 다른 구조 요소들은 무시하게 된다. 이런 부차적인 구조는 단어들의 특정 의미의 연결에서 발생할 수도 있다. 예를 들어, 단어를 들었을 때 머릿속을 얼핏 스쳐지나가기만 하는 부차적인 의미가 문장의 내용에는 필수적인 기여를 할 수도 있는 것이다. 모든 단어가 머릿속에서 수많은 무의식적인 활동을 할 수 있다는 사실은 실제 언어의 일부 특성에 대해 논리 형식보다 훨씬 많은 것을 알려준다. 따라서 시인들은 종종 언어의 논리적 형태를 강조하는 일을 비판하면서, (내가 의도를 옳게 이해한 것이라면) 그런 식으로 이해하면 언어의 목적을 달성하는 데는 부적절한 형태가 된다고 말한다. 그런 예시의 하나로서 괴테의 『파우스트』에서 메피스토펠레스가 젊은 학생에게 건네는 말을 떠올려 볼 수 있을 것이다.

시간을 낭비하지 말게나, 순식간에 도망쳐 버리는 친구니
방법론을 따라서 이길 시간을 벌어야 한다네
그러니 젊은 친구여, 내 감히 조언하자면
우선 논리학부로 시작을 해 보게.
그러면 정신을 굳세게 무장하고,
각반을 단단하게 붙들어 맨 다음에,

신중하게 느릿느릿

뭇 현학들의 발자취를 따라 걷게 될 것인즉

도깨비불을 따라 방황하다

오류의 길로 접어들 일이 없을 거라네.

이윽고 스승들은 온갖 시간을 들여

자유롭게 먹고 마시는 것처럼

지금까지 즉흥적으로 해 오던 행동들에도

엄밀한 과정이 필요하다는 것을 가르쳐 주지. 하나, 둘, 셋!

거미줄처럼 얽히는 섬세한 사고는 사실상

직공의 훌륭한 직조품과 같으니

발판 하나가 천 개의 실을 움직여

베틀의 북을 바쁘게 오가게 만든다네.

보이지도 않는 수많은 실 가닥의 흐름이

발판을 한 번 밟는 것만으로 천 개의 매듭을 만들지.

다음으로 자네를 가르치는 현인이 불쑥 등장해서

사상의 타당성을 눈앞에서 증명해 보여준다네.

처음이 이러이러하니, 두 번째는 그 뒤를 따라야 하고

세 번째와 네 번째는 이렇게 유추해 낼 수 있다고.

그리고 만약 처음과 두 번째가 존재하지 않는다면

세 번째와 네 번째는 영원히 존재할 수 없다고.

모든 나라의 학자들은 이런 변설을 추앙하지만

그들 중에서 방직공이 되려 하는 이는 없다네.

살아 있는 것을 탐구하고 기술하려 하는 이들은

우선 생명의 정수를 몰아내려고 하니

그러면 생명을 잃은 조각은 손에 남지만

정신의 이음매가 없으니 실패할 수밖에 없지!

괴테는 여기서 언어의 구조와 단순한 논리 형식의 협소함을 매력적으로 표현하고 있다.

반면 과학은 언어를 유일한 의사소통 수단으로 사용하여 성립하며, 명징성이 다른 무엇보다 중요하기 때문에 논리 형식이 제 역할을 수행해야만 한다. 이제 이 난점을 다음과 같은 식으로 설명할 수 있을 것이다. 자연과학에서 우리는 보편적인 상황에서 특수한 상황을 유도해 내서, 그 특수한 현상을 하나의 보편적 법칙이 작용한 결과로 이해하려 시도한다. 언어를 이용해 형식화를 거친 보편적 법칙은 적은 수의 보편적 개념으로 구성되어야 한다. 그렇지 않으면 해당 법칙은 단순하고 보편적인 것이 될 수 없기 때문이다. 이런 개념에서 무한한 수의 가능한 현상에 대해 유추할 수 있는데, 이는 단순히 정성적인 의미뿐 아니라 모든 측면에서 완벽한 엄밀성을 가지고 있어야 한다. 부정확하고 모호하게만 정의될 수 있는 일반 언어의 개념으로는 도저히 이런 유추를 해낼 수 없다. 특정 전제에서 귀납의 연쇄를 해 나갈 때면, 그 연쇄 속에 존재하는 개별 요소의 수는 전제의 명징성에 달려 있다. 따라서 자연과학에서 보편적인 법칙의 개념은 항상 완벽하게 정확해야 하며, 이를 달성하려면 결국 수학의 관념을 사용하는 수밖에 없다.

비교적 정확한 정의가 필요한 다른 학문 분야에서도 상황은 어느 정도까지는 비슷하다. 예를 들자면 법학이 있을 것이다. 그러나 이 경우에는 귀납의 연쇄 개수는 그리 많을 필요도 없고, 완벽한 엄밀함이 요구되지도 않고, 일반 언어의 용어에서 사용하는 비교적 정확한 정의만으로도 충분하다.

이론물리학에서 우리는 일군의 현상을 이해하기 위해 사실, 즉 측정 결과에 대응하는 수학 기호를 도입한다. 그리고 측정 결과와의 관계를 설명하기 위해 기호에 이름을 붙인다. 따라서 수학 기호는 언어와 연결되어 있는 것이다. 이렇게 하여 기호는 정의와 공리로 가득한 엄밀한 공리계 안에서 서로 연결되며, 마침내 자연법칙을 기호들 사이의 방정식으로 표현할 수 있게 된다. 이런 방정식에 대해 존재할 수 있는 무한하게 다양한 해는 자연의 특정 부분에 존재할 수 있는 특정 현상의 무한한 변주에 대응한다. 수학 공식은 이런 식으로, 기호와 측정의 대응 관계가 확실하기만 하면 현상의 집단을 표현할 수 있다. 이런 대응 관계 덕분에 작용과 관찰로 구성되어 있는 실험 자체를 일상 언어로 기술하는 것이 가능해지고, 그에 따라 자연

법칙을 일상 언어로 표현하는 일 또한 가능해지는 것이다.

그러나 과학 지식을 확장하는 과정에서는 언어 또한 확장을 겪게 된다. 새로운 용어가 도입되기도 하고, 과거의 개념이 일반 언어보다 넓은 범주에, 또는 다른 방식으로 적용되는 경우도 발생한다. '에너지', '전기', '엔트로피' 등의 개념이 명백한 실례가 될 것이다. 과학의 언어는 이런 식으로, 일상 언어의 자연스러운 확장이라 부를 수 있는 용어들이 새로 추가된 과학 지식의 분야에 적용되는 과정을 통해 발전해 나간다.

지난 세기 동안 물리학에는 수많은 새로운 개념이 도입되었고, 몇몇 경우에는 과학자들이 익숙하게 사용하게 되기까지 상당한 시간이 걸리기도 했다. 예를 들어, 주로 물질의 운동 역학에만 관심을 기울이던 물리학자들은 패러데이의 저작에서 이미 싹이 보였고 훗날 맥스웰 이론의 근간이 된 '전자기장'이라는 용어를 그리 쉽게 받아들이지 않았다. 전자기장이라는 개념의 도입은 과학 사상에 엄청난 변화를 불러왔지만, 이런 변화에 이르는 길은 그리 쉽지 않았다.

그러나 지난 세기 말엽에 도입된 모든 개념은 넓은 범주의 경험에 적용할 수 있는 완벽하게 일관적인 개념군을 이루며, 과거의 개념과 조합해 사용하면 과학자들뿐 아니라 기술자나 공학자도 작업에 훌륭하게 적용할 수 있는 언어가 된다. 이 언어의 근저에 깔려 있는 사상은 시간 속에서 일어나는 사건의 순서는 공간 속의 순서와 아무런 연관이 없으며, 실제 공간에서도 유클리드 기하학이 유효하고, 시공간 속에서 '일어나는' 사건은 관찰 여부와 독립적이라는 가정에 바탕을 두고 있다. 모든 관찰 행위가 관찰의 대상이 되는 현상에 어느 정도 영향을 끼친다는 점까지 부인하지는 않지만, 실험을 세심하게 수행하면 이런 영향을 극도로 작게 만들 수 있다는 가정이 보편적으로 깔려 있었다. 사실 모든 자연과학의 기반으로 여겨졌던 객관성이라는 이상을 추구하기 위해서는 이런 가정이 필수 조건이라고 할 수 있을 것이다.

이런 비교적 평화로운 물리학의 세계를 갑자기 뒤흔들어 놓은 것이 바로 양자론과 특수 상대성이론이다. 처음에는 천천히 흔들다가, 점차 속도를 올리더니 결국 자연과학의 주춧돌을 움직여 버리는 지경에 이르렀다. 최초의 격렬한 논쟁은 상대성이론이 시공간의 개념에 문제를 제기하면서 발생했다. 상대성이론이 제기한 새로운 상황을 어떻게 기술해야 할 것인가? 운동하는 물체의 로렌츠 수축을 실제 수축으로 간주해야 할 것인가, 아니면 겉보기 수축으로 간주해야 할 것인가? 시공간의 구조가 지금까지 가정해 온 것과 실제로 다른 것인가, 아니면 그저 실험 결과가 수학적으로 이런 새로운 구조와 연관을 가진다고만 기술하면 문제가 해결되고, 세계를 보이는 모습 그대로 이해하는 데 반드시 필요한 보편적 조건인, 과거와 동일한 시공간 구조는 유지할 수 있는 것인가? 이런 수많은 논란의 배후에 존재하는 진짜 문제는, 새로운 상황을 일관성 있게 서술할 수 있는 언어가 존재하지 않는다는 점이다. 일반 언어는 과거의 시공간 구조에 기반을 두고 있으며, 따라서 측정 수단과 측정 결과를 기술할 때에만 명확한 의사소통을 가능케 한다. 그러나 그렇게 기술하는 실험 결과는 과거의 개념을 모든 곳에 적용할 수 없다는 것을 증명해 보이는 내용인 것이다.

상대성이론을 해석할 때 누구나 생각할 수 있는 시작점은 느린 속도에서(즉, 광속에 비해 느린 속도에서) 이 새로운 이론이 과거의 이론과 실질적으로 동일한 결과를 가지게 되는지를 살펴보는 것이다. 따라서 이론의 이 부분에서는 수학 기호가 어떤 식으로 측정 결과 및 일반 언어의 용어와 연결되는지가 상당히 명확하다. 사실 로렌츠 변환은 이런 상관관계 덕분에 발견된 것이다. 이 영역에서는 단어와 기호의 의미에 대해 모호한 부분이 전혀 존재하지 않는다. 사실 이런 상관관계만 있으면 상대성이론의 문제와 연관된 실험 연구 분야 전체에 이론을 적용하기 충분하다고 할 수 있을 것이다. 따라서 로렌츠 수축이 '실제'인지 '겉보기'인지의 문제나 '동시'라는 용어의 정의 등은 사실 여부의 문제가 아니라 사용 언어의 문제일 뿐이다.

반면 언어에 있어서는 특정 원리에 너무 매달리지 않는 편이 낫다는 인식이 점차 퍼지게 되었다. 언어에서 어떤 특정 용어를 어떻게 사용해야 하는지에 대해 보편적 동의를 구하는 일은 항상 꽤나 어렵기 마련이다. 그저 그 언어가 발전해 나가며 새로운 상황에 맞춰 조정되도록 시간을 주는 편이 낫다. 사실 특수 상대성이론에서는 지난 50년 동안 이런 조정이 상당 부분 이루어졌다. 예를 들어, '실제'와 '겉보기' 수축의 구분은 그냥 사라져 버렸다. '동시'라는 용어는 아인슈타인의 정의에 따르게 되었으며, 앞장에서 논의한 보다 넓은 범주의 정의에는 '공간적인 거리를 가지는'이라는 용어를 일반적으로 사용하게 되었다.

일반 상대성이론에서 일부 철학자들은 실제 공간에서 적용되는 비유클리드 기하학의 개념에 대해 격렬하게 반대를 했는데, 이런 이들은 실험을 설계하는 방법 자체가 이미 유클리드 기하학의 가정을 사용하고 있다고 말한다.

사실 공간 속에서 공학적으로 완전한 평면을 구현하려면 다음과 같은 방식을 따라야 한다. 우선 대략 동일한 크기를 가지는, 대략 평면에 가까운 세 개의 면을 가정한다. 그런 다음 이 중에서 두 면을 서로에 대해 상대적 위치가 다른 상태로 겹치게 만든다. 여기서 전체 면에 대해 두 면이 겹치는 정도가 전체 평면이 가지는 '평면성'의 오차 수준이 된다고 할 수 있다. 세 개의 면에서 둘을 골랐을 때 모든 지점에서 완전히 접하고 있다면 공학적으로 만족스러운 평면이라 할 수 있다. 이런 조건이 성립하는 세 개의 면 위에서는 유클리드 기하학이 성립한다는 사실을 수학적으로 증명할 수 있다. 이렇게 하면 결국 측정에 의해 유클리드 기하학을 성립하게 만들었다고 말할 수 있을 것이다.

물론 일반 상대성이론의 관점에서 보면 이런 주장은 그저 작은 차원에서, 즉 우리 실험 도구의 차원에서 유클리드 기하학이 옳다는 사실을 입증했을 뿐이라고 할 수 있다. 이 영역에서는 측정의 정확도가 상당히 높기 때문에, 항상 위에서 설명한 대로 유클리드 기하학이 성립하는 평면을 만들어낼 수 있다. 이 영역에도 기존의 유클리드 기하학에서 벗어나는 경우는 존재하지만 그 어긋남의 정도가 극도로 작기 때문에, 완벽히 견고한 물질일 수 없으므로 약간의 변형이 가능하며 따라서 '겹친다'는 개념을 명확하게 구현할 수 없는 현실의 평면에서는 실험을 통해 확인하는 것이 불가능하다. 현실에서도 면의 규모를 방대하게 키우면 유클리드 기하학은 적용되지 않을 것이다. 그러나 이는 실험물리학의 영역에서는 불가능한 일이다.

여기서도 일반 상대성이론의 수학 공식을 물리적으로 해석하기 위한 명백한 시작점은 '작은 공간의 기하학은 거의 유클리드적인 성질을 가진다'는 것이다. 이 영역에서 일반 상대성이론은 고전 이론에 근접한다. 따라서 이 영역에서 수학 기호와 측정값과 일반 언어의 개념 사이의 상호관계는 명확하다. 그러나 그렇다고 해서 보다 큰 차원에서 적용되는 비유클리드 기하학을 기술할 수 없는 것은 아니다. 사실 일반 상대성이론이 등장하기 한참 전부터 수학자들은 현실 공간에서 비유클리드 기하학이 성립할 가능성에 대해 논의해 왔으며, 괴팅겐의 가우스가 그 선두 주자였다. 그는 삼각형의 세 각의 합이 실제로 180도인지를 확인하기 위해 하르츠 산맥의 브로켄 산, 튀링겐의 인젤베르크 산, 괴팅겐 근처의 호헨하겐 산이 이루는 삼각형을 매우 정밀한 측지법으로 측정했다. 그는 이 실험에서 180도가 아닌 결과가 나오면 유클리드 기하학을 벗어날 수 있으리라 생각했다. 그러나 그가 사용한 방식의 정확도로는 그런 왜곡을 감지할 수 없었다.

일반 상대성이론에서 일반 법칙을 기술하기 위해 사용하는 언어는 지금 상황에서는 수학자들의 과학적 언어를 따르며, 실험 자체를 기술하기 위해서는 일반 언어의 개념을 사용한다. 유클리드 기하학이 작은 공간에서는 충분한 정확도로 유효하기 때문이다.

그러나 가장 어려운 문제는 양자론에서 발생하는 언어 사용이다. 우선 수학 기호와 일반 언어의 개념을 연결시켜 줄 단순한 지침이 존재하지 않는다. 출발점에서 우리가 아는 것이라고는 원자의 구조에는 일반적인 개념을 적용할 수 없다는 것뿐이다. 이번에도 공식을 물리 언어로 해석하기 위해서는 양자역학의 수학 공식이 원자 단위에 비해 훨씬 큰 차원에서는 고전역학에 근접한다는 점에서 시작해야 할 것으로 보인다. 그러나 이번 경우에는 이런 서술조차 주의를 기울일 필요가 있다. 큰 차원에서도 양자론의 방정식에서 유도한 해에 대응하는 유사한 고전 역학의 해가 존재하지 않는 경우가 있기 때문이다. 바로 앞서 논의한 '확률 간섭'이라는 현상이 발생하는 경우인데, 이는 고전 물리학에는 존재하지 않는 개념이다. 따라서 큰 차원이라는 제한된 상황에서도 수학 기호와 측정과 일반 언어의 개념 사이의 단순한 상호 관계가 성립하지 않는 사태가 발생한다. 결국 명확한 상호 관계를 확립하려면 이 문제의 다른 측면까지 고려해야 한다. 양자역학의 방법론으로 파악한 계가 사실은 더 큰 계의 일부이며(따라서 결국 전 세계까지 확장되며), 이 계는 보다 큰 다른 계와 상호 작용을 하며, 큰 계의 미소 성질을 (적어도 상당 부분은) 알지 못한다는 사실까지 염두에 두어야 하는 것이다. 이런 서술은 당연하지만 실제 상황에 대한 적절한 설명이다. 측정이나 논리적 탐구의 대상이 될 수 없는 계가 관찰자가 속한 더 큰 계와 상호 작용조차 할 수 없다면 그 계는 현상의 범주에 속하지 않는다고밖에 할 수 없기 때문이다. 확정되지 않은 미소 단위의 성질을 가지는 보다 큰 계와의 상호 작용은 결국 그 계를 기술할 때 — 양자론으로도, 고전 물리학으로도 — 새로운 통계적 요소를 도입하게 만든다. 큰 차원에서 이런 통계적 요소는 '확률 간섭'의 효과를 분쇄해 버려서, 양자역학의 공식이 극한값에서는 고전 역학의 공식에 근접하도록 만들어 준다. 따라서 이 지점에서 양자론의 수학 기호와 일반 언어의 개념은 명확한 상호 관계를 형성하며, 실험 또한 이 상호 관계를 통해 충분히 해석할 수 있다. 결국 이번에도 문제가 남는 것은 사실 쪽이 아니라 언어 쪽인데, 일반 언어로 기술할 수 있는 '사실'의 개념에 대한 문제이기 때문이다.

그러나 여기서 언어의 문제는 정말로 심각하다. 우리의 목적은 '사실'을 기술하는 것이 아니라 원자의 구조를 기술하는 것이다. '사실'의 경우에는 감광판의 검은 얼룩이나 안개상자 속의 물방울 등을 통해 기술이 가능하다. 그러나 일반 언어를 사용해서 원자에 대해 말하는 일은 불가능하다.

이제 두 가지 완전히 다른 방식으로 분석을 계속할 수 있다. 우선 원자를 서술하는 언어 중 양자론이 정립된 이후 30년 동안 실제로 물리학자들이 발전시켜 온 언어에 어떤 것이 있는지를 살펴볼 수 있다. 또는 수학 공식에 상응하는 명확한 과학 용어를 정의하려 노력한 여러 시도를 살펴볼 수도 있다.

첫 번째 질문에 대해서는 양자론을 해석하기 위해 보어가 도입한 상보성이라는 개념이 물리학자들로 하여금 명징한 표현 대신 모호한 표현을 사용하도록 유도했다고도 할 수 있을 것이다. 불확정성원리에 있어서는 고전 개념을 어느 정도 모호한 상태로 사용하고, 함께 사용할 경우 모순이 되는 고전 개념을 번갈아 가며 적용하는 경우도 생긴다. 이런 방법을 사용할 경우, 해당 개념을 적용하는 한계가 극도로 제한되어 있다는 사실만 항상 기억하고 있으면 전자 궤도나 물질파와 전하 밀도나 에너지와 운동량 등의 개념에 대해서 기술하는 일이 가능해진다. 이렇게 모호하고 체계적이지 않은 방식으로 언어를 사용하다가 난점이 발생하면, 물리학자는 그냥 수학 공식으로 퇴각해서 공식과 실험적 사실 사이의 명확한 상관관계로 돌아가면 되는 것이다.

언어를 이렇게 사용하면 많은 부분에서 상당히 만족스러운 결과를 얻을 수 있는데, 이는 어떻게 보면 일상에서 시적 언어를 사용하는 방식과 비슷하기 때문이다. 우리는 상보적인 상황이 원자 단위의 세계에만 존재하는 것이 아니라는 사실을 알고 있다. 우리가 내린 결정이나 결정을 내리게 만든 동기를 반추할 때나, 음악을 즐길지 아니면 그 구조를 분석할지를 놓고 선택을 할 때에도 상보적 상황을 마주하게 된다. 반면 고전 개념을 이런 식으로 사용할 때는 항상 일정 정도의 모호함을 유지하며, 고전 열역학의 개념처럼 통계적인 방식으로 사용할 때만 '현실'과 연계하는 일이 가능하다. 여기서 열역학의 통계적 개념에 대해 짤막하게 살펴보고 넘어가면 도움이 될지도 모르겠다.

고전 열역학에서 '온도'라는 개념은 현실의 객관적 요소, 즉 물질의 객관적 성질을 기술하는 것처럼 보인다. 일상에서는 온도계를 사용하면 특정 물질이 특정 온도를 가진다는 서술의 의미를 손쉽게 정의할 수 있다. 그러나 원자의 온도라는 용어가 무슨 뜻인지를 정의하고자 한다면, 고전 물리학에 한정하는 경우에도 상당히 골치 아픈 상황에 직면하게 된다. 사실 우리는 '원자의 온도'라는 개념을 명확하게 정의된 원자의 성질과 대응할 수 없으며, 적어도 부분적으로는 원자에 대한 부족한 지식과 연결할 수밖에 없다. 온도의 측정값을 원자의 특성에 대한 특정한 통계적 기대값에 대응하게 할 수는 있으나, 그런 식의 기대값을 객관적이라고 부를 수 있을지는 의문스럽다. '원자의 온도'라는 개념은 사탕을 사는 아이가 말하는 '섞인 맛 사탕'의 개념보다 딱히 더 명확하게 정의되어 있다고 할 수 없는 것이다.

이와 비슷한 식으로, 원자론에서 원자에 적용한 고전적 개념은 언제나 '원자의 온도'만큼이나 제대로 정의되지 않는다. 이런 개념들은 항상 통계에 따른 기대값에 대응할 뿐이며, 확실성을 가지게 되는 경우는 매우 드물다. 즉 고전 열역학에서와 마찬가지로, 기대값을 객관적이라 부르기는 매우 힘든 것이다. 물론 아리스토텔레스 철학의 '가능태'처럼 객관적 경향이나 객관적이 될 가능성이라 칭할 수는 있을 것이다. 사실 나는 물리학자들이 원자 단위의 사건을 생각하면서 입에 올리는 언어가 결국 그 정신 속에서는 '가능태'와 흡사한 개념을 떠오르게 만들 것이라 생각한다. 이런 식으로 물리학자들은 천천히 전자 경로를 비롯한 다른 개념들을 실제 개념이 아니라 일종의 '가능태'로 간주하는 일에 익숙해져 갔다. 언어가 어느 정도까지는 스스로 실제 상황에 맞추어 조율된 셈이다. 그러나 이는 정상적인 논리 형식에서 사용할 수 있는 정확한 언어가 아니다. 우리 정신 속에 특정한 모습이 떠오르게 만들기는 하지만, 그 모습은 현실과 명확하게 연결되어 있지 않으며, 현실을 향한 방향성을 의미할 뿐이다.

물리학자들이 사용하는 언어에 존재하는 이런 모호성은 결국 명확한 논리 형식을 따라서 양자론의 수학 공식에 부합하는 새로운 명확한 언어를 정의하려는 시도로 이어졌다. 버코프와 노이만, 그리고 보다 최근의 바이츠제커의 시도를 간단히 요약하자면 고전 논리의 확장 또는 변용을 통해 양자론의 수학 공식을 해석하고자 한 시도라 할 수 있을 것이다. 특히 고전 논리에서 반드시 변용이 필요해 보이는 원리가 한 가지 있다. 고전 논리에서는 만약 서술에 의미가 있으려면 서술 또는 그부정 중 하나가 참이어야 한다. 즉, '여기 탁자가 있다'와 '여기 탁자가 있지 않다'의 두 문장에서 하나가 참이어야 한다는 말이다. 제3의 길은 존재할 수 없다Tertium non datur. 우리의 지식 수준에서 명제와 그 역 중에서 어느 쪽이 참인지 모를 수는 있지만, 실제로는 둘 중 하나가 참이어야만 하는 것이다.

양자론에서는 이런 '제3의 길의 존재 여부'에 대한 원칙을 바꿔야 한다. 이런 기본적인 부분을 바꾸려 하면, 당연하지만 그 원칙이 일반 언어의 형태를 하고 있으니 최소한 우리가 변용한 논리도 자연언어로 기술해야 한다는 공격이 들어오게 마련이다. 따라서 자연언어에 적용되지 않는 논리 공식을 자연언어로 기술해야 한다는 자가 모순이 발생한다. 그러나 바이츠 제커는 여기서 언어에 존재하는 다양한 층위를 구분할 필요가 있다는 점을 지적한다.

첫 번째 층위는 사물을, 예를 들면 원자나 전자를 가리킨다. 두 번째 층위는 사물에 대한 서술을 나타낸다. 세 번째 층위는 사물에 대한 서술에 대한 서술을 가리킨다. 이런 식으로 구분하면 다른 층위에 존재하는 서로 다른 논리 형태를 기술하는 것이 가능해진다. 마침내 자연언어로, 따라서 고전 논리의 형식으로 돌아갈 필요성이 생긴 것으로 보인다. 그러나 바이츠제커는 고전 물리학이 양자론에 대해 선험적인 것과 마찬가지로, 고전 논리도 양자론에 대해 선험적일 수 있다고 제안한다. 그렇다면 고전 논리는 양자론의 제한적인 형태가 되면서, 동시에 좀 더 보편적인 논리 형태를 따르게 되는 것이다.

고전 논리 형식을 변용할 수 있다는 가능성은 우선 사물에 대한 층위에 영향을 미친다. 밀폐되어 있고 벽에 의해 동일한 크기의 두 부분으로 분할되어 있는 상자 속에서 원자 하나가 움직이고 있다고 가정해 보자. 벽에는 원자가 통과할 수 있는 아주 작은 구멍이 하나 뚫려 있다. 여기서 고전 논리에 따르자면 원자는 상자의 왼쪽 절반이나 오른쪽 절반 중 한 곳에 있어야 한다. 제3의 가능성은 존재하지 않는다. 그러나 양자론에서는 — 일단 '원자'와 '상자'라는 개념의 명징성이라는 문제를 제쳐둔다면 — 앞에서 본 두 가지 가능성이 기묘한 방식으로 혼재하는 경우가 발생할 수 있다는 사실을 인정할 수밖에 없다. 이는 우리 실험의 결과를 설명하려면 반드시 필요한 일이다. 예를 들어 원자에 의해 산란 현상을 보이는 빛을 관측하려 한다면 세 가지 실험을 수행해야 한다. 우선 (벽에 뚫린 구멍을 막는 등으로) 원자를 상자의 왼쪽 절반에 가둔 다음 빛의 산란이 보이는 세기의 분포를 측정한다. 그런 다음 오른쪽 절반에 원자를 가두고 다시 빛의 산란의 분포를 측정한다. 그리고 마지막으로, 원자가 자유롭게 돌아다니게 한 다음 빛의 산란의 분포를 측정한다. 만약 원자가 항상 상자의 왼쪽 절반이나 오른쪽 절반에 머문다면, 최종 세기 분포는 앞에서 본 두 가지 세기 분포를 (원자가 양쪽 절반에서 보낸 시간의 길이에 대한 비율로) 혼합한 결과와 같아야 한다. 그러나 실험 결과는 이런 사실을 뒷받침

해주지 않는다. 실제 세기 분포는 '확률 간섭'이 적용된 결과가 나온다. 이 사실은 앞에서 논의한 바 있다.

이런 상황에 대처하기 위해, 바이츠제커는 '진실의 정도'라는 개념을 도입한다. '원자는 상자의 왼쪽 절반(또는 오른쪽 절반)에 있다'와 같은 단순한 명제에 대해서는 그 '진실의 정도'에 따라 복소수를 하나씩 배정할 수 있다. 수가 1이라면 그 명제가 참이라는 뜻이며, 수가 0이라면 거짓이라는 뜻이 된다. 그러나 그 외의 다른 값도 가능하다. 배정된 복소수의 제곱의 절대값이 이 명제가 참일 확률이 된다. 양쪽에 해당하는(즉 우리의 경우에는 '왼쪽' 또는 '오른쪽' 중 하나) 각각의 확률의 합은 항상 동일해야 한다. 그러나 바이츠제커는 여기서 그치지 않고, 이 경우에 쌍을 이루는 한 쌍의 복소수를 바로 그 값을 가질 경우에 명확하게 참이 되는 '명제'로 정의한다. 예를 들어 우리 실험에서 빛의 산란의 세기 분포를 측정할 때는 두 개의 숫자만 구하면 충분한 것이다. 만약 '명제'라는 단어를 이런 식으로 사용한다면 '상보적'이라는 단어도 다음과 같은 식으로 정의하여 도입하는 것이 가능하다. "두 가지 서로 배척되는 명제(즉 우리의 경우에는 '원자가 상자의 왼쪽 절반에 있다'와 '원자가 상자의 오른쪽 절반에 있다')와 동일하지 않은 개별 명제는 서로에 대해 상보적이라 할 수 있다." 각각의 상보적인 명제에 대해서는 원자가 왼쪽과 오른쪽 중에서 어디에 있는지 아직 결정되어 있지 않다. 그러나 여기서 '결정되어 있지 않다'는 말은 '모른다'와 같은 뜻이 아니다. '모른다'는 표현은 원자가 실제로는 왼쪽 또는 오른쪽 중 하나에 존재하지만 우리가 그 위치를 모른다는 뜻이 된다. 그러나 '결정되어 있지 않다'는 표현은 완전히 다른 것으로, 상보적인 명제를 통해서만 표현할 수 있다.

자세한 내용을 여기서 서술할 수는 없지만, 이런 보편적인 논리 형식은 양자론의 수학 공식에 완벽하게 대응한다. 이는 원자의 구조를 기술할 때 사용할 수 있는 명확한 언어의 근간이 되어 준다. 그러나 이런 언어를 적용하는 일에는 몇 가지 난점이 존재하는데, 여기서는 그중 두 가지만 다루어 보겠다. 바로 서로 다른 언어의 '층위' 사이의 관계와 그 아래 깔린 존재론적 함의이다.

고전 논리에서 서로 다른 언어의 층위 사이에는 일대일 대응이 성립한다. '원자는 왼쪽 절반에 있다'와 '원자가 왼쪽 절반에 있다는 명제는 참이다'라는 두 가지 명제는 논리적으로는 다른 층위에 속한다. 고전 논리에서는 이 두 가지 명제는 완전히 동등하다. 즉, 동시에 참이거나 동시에 거짓이어야 한다. 하나는 참이고 다른 하나는 거짓일 수는 없다. 그러나 상보성을 가지는 논리 형식에서 이 문제는 조금 더 복잡해진다. 첫 번째 명제의 참 또는 거짓의 여부는 두 번째 명제의 참 또는 거짓의 여부를 내포하고 있기는 하다. 그러나 두 번째 명제가 거짓이라고 해서 첫 번째 명제가 거짓이라는 뜻이 되는 것은 아니다. 두 번째 명제가 거짓이라고 해도 원자가 왼쪽 절반에 있는지 여부가 결정되지 않았을 수도 있는 것이다. 명제가 참인지의 여부를 놓고는 두 언어 층위 사이에 완벽한 동등성이 적용되지만, 거짓일 경우에는 그렇지 않다. 이런 연결로부터 우리는 양자론에도 고전 법칙이 아직 남아 있다는 사실을 이해할 수 있다. 특정 실험에 고전 법칙을 적용하여 명확한 결과를 유도해 내더라도 그 결과 또한 양자론의 법칙을 따르게 되며, 실험적으로도 이 사실을 확인할 수 있는 것이다.

바이츠제커의 최종 목표는 변용된 논리 형식을 보다 높은 층위의 언어에도 적용하는 것이었으나, 이 문제는 여기서 다룰 수 있는 성질의 것이 아니다.

다른 문제는 변용된 논리 형식의 근저에 깔려 있는 존재론적 함의였다. 만약 복소수 한 쌍이 방금 서술한 대로 하나의 '명제'를 나타낸다면, 자연 속에서 이 서술이 참이 되는 '상태state' 또는 '상황situation'을 발견해야 한다. 여기서는 '상태'라는 단어를 사용해 보기로 하겠다. 상보적인 명제에 대응하는 '상태'를 바이츠제커는 '공존 상태coexistent states'라고 불렀다. '공존'이라는 단어는 이 상태를 올바르게 묘사하는 것이다. 사실 '별개 상태different states'라고 부르기는 어려울 것인데, 모든 상태는 어느 정도까지는 다른 '공존 상태'에 속해 있기 때문이다. 이런 '상태'라는 개념은 양자론의 존재론적 측면에 대한 첫 번째 정의가 된다. 이런 식으로 사용하는 '상태'라는 개념이, 특히 '공존 상태'라는 개념 안에서는, 유물론적 존재론에서 사용하는 일반적인 개념과 크게 다르다는 사실은 누구나 간단히 파악할 수 있고, 따라서 그저 편리한 대로 용어를 차용한 것이 아닌지 의심을 품게 마련이다. 반면 '상태'라는 단어를 실제 대신 일종의 가능성으로 간주한다면 ― 이럴 경우에는 '상태'라는 단어를 '잠재성potentiality'이라는 단어로 바꿀 수도 있을 것이다 - '공존 잠재성coexistent potentiality'이라는 표현도 꽤나 말이 되는데, 하나의 잠재성은 다른 잠재성과 연관을 가지거나 중복될 수 있기 때문이다.

이런 온갖 난해한 정의와 판별을 피하려면 언어를 사실, 즉 실험 결과를 기술하는 일에만 한정하면 된다. 그러나 원자의 입자 자체에 대해 언급하고 싶으면 오직 수학의 언어만을 사용하여 자연언어를 보완하거나, 또는 변용된 논리나 명확하게 정의되지 않은 논리를 사용하는 언어와 조합해야 한다. 원자 단위의 사건에 대한 실험에서 우리는 사물과 사실, 그리고 일상의 현상만큼이나 실체를 가지는 현상들에 대하여 논의해야 한다. 그러나 원자나 기본 입자 자체는 그 정도의 실체를 가지지 않는다. 이들이 구성하는 세계는 사물과 사실의 세계가 아닌 가능성이나 잠재성의 세계이기 때문이다.

11.
인류 사상의 발전에서 현대 물리학의 역할

앞선 장에서 현대 물리학의 철학적 함의에 대해 논의한 이유는 현대의 최신 과학 분야가 여러 부분에서 먼 옛날의 사조와 접점을 가지고, 해묵은 문제에 대해 새로운 방향에서 접근하도록 해 주기 때문이었다. 서로 다른 두 가지 사조가 만날 때 종종 인간 사고의 역사에서 가장 풍요로운 결실을 맺는 발전이 일어난다는 것은 보편적인 진실로 간주해도 좋을 것이다. 이런 사조들은 인간 문화에서 상당히 떨어진 부분에 근원을 두고 있게 마련이다. 시대가 다르거나 문화적 환경이 다르거나 종교 전통이 다를 수 있다. 따라서 실제로 두 가지 사조가 만나고 그 사이에 제대로 상호 작용이 가능할 정도의 연관 관계가 존재한다면, 새롭고 흥미로운 진보가 뒤따를 것이라 기대할 수 있을 것이다. 현대 물리학의 일부인 원자물리학은 사실 우리 시대에는 상당히 서로 다른 문화 전통 사이에 깊이 침투해 있다. 자연과학이 전통적으로 발전해 온 지역인 유럽과 서구 국가들뿐 아니라 문화 전통이 상당히 다른 극동의 국가들, 즉 일본이나 중국이나 인도와 같은 국가에서도 연구되는 중이다. 또한 우리 시대의 새로운 사고방식을 확립한 러시아에서도 연구가 진행되고 있다. 그들의 새로운 사고방식은 19세기 유럽의 특정 과학 분야의 발전과 러시아의 완전히 다른 전통 양쪽에 연결되어 있다. 여기서 우리 논의의 목표는 현대 물리학이 그보다 오래된 전통과 조우했을 때 어떤 결과를 낼 수 있는지를 예측해 보는 것이 아니다. 그러나 서로 다른 사상이 상호 작용을 시작하는 접점이 어디인지를 명확하게 하는 정도는 가능할지도 모르겠다.

현대 물리학이 이렇게 확장되어 가는 과정을 살펴보려면 결국 자연과학 전반의 확장, 공학과 산업의 확장, 약학의 확장 등의, 전 지구 단위로 움직이는 현대 문명을 고려하지 않을 수 없다. 현대 물리학은 베이컨, 갈릴레오, 케플러의 저작, 그리고 17세기와 18세기에 걸쳐 자연과학을 현실에 적용하며 시작된 길고 긴 연쇄 사건 속의 고리 하나에 지나지 않는다. 자연과학과 기술과학은 처음부터 서로에게 도움이 되는 관계를 쌓았다. 기술과학의 진보, 실험 도구의 개량, 새로운 장비의 발명은 자연에 대한 풍부하고 정확한 실증적 지식을 확보하는 기반이 되었다. 그리고 이런 장비로 자연을 더 깊이 이해해서 마침내 자연법칙을 수학 공식으로 표현하게 되면, 기술과학은 이런 지식을 사용할 수 있게 된다. 예를 들어, 망원경을 발명하자 천문학자들은 항성의 운동을 예전에 비해 정확하게 측정할 수 있게 되었고, 따라서 천문학과 역학은 상당히 발전하게 되었다. 반면 역학에 대한 명확한 지식은 기계 공구의 발달이나 엔진의 개발에 막대한 영향을 끼쳤다. 자연과학과 기술과학이 힘을 합쳐 확장을 한 결과 일부 자연의 힘을 인간이 다룰 수 있게 되기도 했다. 예를 들어 석탄 속에 저장되어 있는 에너지는 예전에 인간이 직접 수행하던 작업의 일부를 대신 맡아주게 되었다. 이런 새로운 가능성에서 시작된 산업은 처음에는 과거 제조업의 자연스러운 연장선상에 놓인 것으로 보였다. 기계가 하는 일은 여러 분야에서 과거의 수공업을 모사하는 것으로만 보였고, 화학 공장은 과거의 염색공이나 제약사가 하던 작업의 연장선상에 있는 것으로 여겨졌다. 그러나 그 이후로 예전의 산업 체계에서는 유례를 찾아볼 수 없는 완전히 새로운 부류의 산업이 발전하기 시작했다. 예를 들자면 전자공학이 있을 것이다. 과학이 인간의 이해 밖에 있던 자연까지 침투해 들어간 결과, 공학자들은 예전에는 존재 자체조차 제대로 몰랐던 힘을 직접 부릴 수 있게 된 것이다. 그리고 이런 힘에 적용되는 법칙을 명확한 수학 공식의 형태로 확립한 지식은 온갖 종류의 기계를 제작하게 해 주는 탄탄한 근간이 되었다.

자연과학과 기술과학의 결합은 엄청난 성공을 가져와서, 그런 부류의 인간 활동이 활발하게 이루어진 국가 또는 체제 또는 공동체를 우위에 서게 만들어 주었고, 따라서 자연과학이나 기술과학을 목표로 삼는 전통을 가지고 있지 않던 국가들조차 이런 사조를 받아들일 수밖에 없는 상황이 되었다. 결국 이런 기술문명의 확장을 완성한 것은 현대의 교통 및 통신 수단이었다. 이런 과정이 우리 지구에 존재하는 모든 생명체의 환경을 근본적으로 바꾼 것은 명백한 사실이다. 그리고 그 사실이 마음에 드는지의 여부, 또는 이런 상황을 진보라고 부를지 위기라고 부를지의 여부와는 별개로, 상황이 이미 인간의 힘으로 제어하기에는 너무 멀리 가 버렸다는 사실은 인정해야 한다. 어쩌면 이 또한 가장 큰 규모의 자연 현상, 즉 인류가 보다 광범위한 물질로 침범하여 늘어나는 인구가 살 수 있는 상태로 변환시키는 구조적 과정으로 간주해야 할지도 모르겠다.

현대 물리학은 이런 발전 중에서도 최신 분야에 속하며, 가장 눈에 띄는 결과물인 핵무기로 인해 이런 발전의 본질을 적나라하게 드러내 보였다. 어떻게 보면 자연과학과 기술과학의 결합이 가져온 변화를 낙관적으로만 볼 수는 없다는 명확한 증거일 수도 있을 것이다. 이는 생명체가 살아가는 자연 조건을 너무 급격하게 변화시키는 일이 위험하다고 경고해 온 이들의 주장이 적어도 부분적으로는 정당하다는 사실을 보여주었다. 반면 핵무기는 위험을 감수하고 싶지 않다고 생각해 오던 국가 또는 개인조차도 이런 새로운 발전에 깊은 관심을 가지게 만들기도 했다. 이제 군사력과 그에 따른 정치력이 핵무기 소유 여부에 달린 시대가 되었기 때문이다. 물론 이 책의 목적은 핵물리학이 어떤 정치적 함의를 지니는지를 상세히 살펴보는 것이 아니다. 하지만 원자물리학에 대해 논의할 때 사람들이 가장 먼저 떠올리는 것이 이 문제인 만큼, 간단히 살펴보고 넘어갈 필요는 있으리라 생각한다.

신병기, 특히 열핵무기의 발명이 전 세계의 정치 구조를 근본적으로 변화시켜 놓았다는 점은 명백하다. 국가나 체제의 개념에 심각한 변화가 일어난 것은, 그런 무기를 소유하고 있지 않은 국가가 대량으로 생산하는 국가에 어떤 식으로든 의존할 수밖에 없게 되었기 때문에 당연한 일이다. 그러나 동시에, 이런 무기를 대규모로 사용하는 전쟁 시도는 터무니없는 자살 행위나 다름없게 되어 버리고 말았다. 따라서 그 덕분에 전쟁 자체가 사라졌으며 두 번 다시 일어나지 않을 것이라는 낙관적인 해석도 종종 들리곤 한다. 그러나 이런 관점은 너무 낙관적이고 극단적인 단순화의 결과다. 도리어 열핵무기를 이용한 전쟁이 터무니없는 것이기 때문에 소규모의 전쟁으로 얻을 수 있는 이득은 커지는 결과가 발생한다. 현재 상황에 변화를 가져올 만한 역사적 또는 도덕적 타당성을 가지고 있다고 생각하는 국가 또는 정치 집단은 재래식 병기를 사용해 그런 일을 수행해도 위험 요소가 그리 크지 않다고 여기게 될 것이다. 역사적 또는 도덕적 타당성이 부족한 상대편이 핵무기를 사용하는 대규모 전쟁을 촉발하지 않을 것이라 생각하기 때문이다. 반면 상대편 국가에서 보기에는 침략자가 소규모 분쟁을 통해 도발해 온다고 간주할 테니 핵무기를 사용할 정당성을 확보한 셈이 될 테고, 따라서 위험은 여전히 존재한다. 물론 지금으로부터 이삼십 년 후에는 세상이 크게 바뀌어 대규모 전쟁이 벌어질 위험이나 적의 괴멸에 모든 기술 자원을 투자하는 현상이 줄어들거나 아예 사라지게 될지도 모른다. 그러나 그런 새로운 안정 상태에 도달하는 길에는 끔찍한 위험이 가득 도사리고 있다. 아까와 마찬가지로, 우리는 한쪽에서 보기에는 역사적 또는 도덕적으로 옳다고 생각되는 상황이 상대방 쪽의 시선에서는 그렇지 않을 수도 있다는 사실을 염두에 두어야 한다. 현상 유지가 최선의 선택이 아닐 수도 있다. 어쩌면 새로운 상황에 적응하는 평화로운 방법을 찾는 일이 가장 중요할지도 모르며, 때로는 옳은 결정을 찾는 일 자체가 극도로 어려운 것일 수 있다. 따라서 세계대전을 막으려면 모든 정치 집단이 가장 명백하고 근본적인 권한을 포기할 준비가 되어 있어야만 한다는 견해도 너무 부정적인 판단은 아닐지도 모른다.

옳고 그름이라는 문제 자체가 상대방이 보기에는 근본적으로 다르게 받아들여질 수도 있기 때문이다. 이는 물론 새로운 관점은 아니다. 사실 일부 기성 종교에서 수 세기에 걸쳐 가르쳐 온 인간의 자세를 국제 관계에 적용한 것에 지나지 않는다.

핵무기의 발명은 또한 과학과 과학자들에게 완전히 새로운 문제를 제기했다. 과학이 정치에 끼치는 영향은 제2차 세계대전 이전에 비해 훨씬 커졌으며, 이 사실은 과학자에게, 특히 원자물리학자에게 서로 상반되는 두 가지 의무라는 막대한 짐을 지웠다. 과학자는 이제 공동체를 위한 중요한 과학 임무를 적극적으로 수행하며 국가 체제의 일원이 될 수 있다. 하지만 그 경우에는 결국 대학과 연구 집단이라는 익숙한 소규모 공동체의 기준을 훨씬 넘어서는 막대한 무게를 가지는 결정을 내릴 의무에 직면하게 될 것이다. 다른 길은 자발적으로 모든 정치적 결정에서 물러서는 것이다. 그러나 이 경우에는 과학자의 조용한 삶을 택하지 않았더라면 막을 수 있었을 잘못된 결정에 대한 책임을 지게 될 것이다. 열핵무기를 사용한 전쟁이 어떤 유례없는 대참사를 불러올 수 있는지를 정부에 알리는 일은 분명 과학자의 의무다. 때론 과학자들에게 그 이상으로 세계 평화를 위한 굳은 신념을 표출해 줄 것을 요구해 오는 경우도 있다. 하지만 고백하자면, 이런 요구는 내 생각에는 아무런 의미도 없는 것처럼 느껴지기만 한다. 물론 선의를 품고 있다는 사실을 드러내 보일 수는 있겠지만, 그 평화의 명확한 조건을 언급하지 않고 평화를 설파하는 이들을 상대할 때는, 항상 그가 말하는 평화가 자신이 속한 집단에 최선인 상황에서의 평화가 아닌지 의심해 볼 필요가 있으며, 이런 경우라면 그 평화는 아무 의미도 없을 것이다. 정직하게 평화를 설파하는 이들은 항상 그 평화를 유지하기 위해 필요한 희생을 열거하게 마련이다. 그러나 과학자들은 이런 부류의 주장을 펼칠 권한을 전혀 가지고 있지 못하다는 사실이 자명하다.

동시에 과학자들은 자신의 분야에서 국제 협력을 증진하기 위해 최선을 다할 수 있다. 수많은 국가의 정부에서 원자물리학의 연구를 중요하게 여기고 있으며 아직까지는 국가에 따라 과학 연구의 수준이 상당히 다르다는 사실 때문에, 원자물리학 분야에서는 국제 협력을 원하는 경우가 상당히 많다. 여러 다른 나라에서 온 젊은 과학자들이 현대 물리학 분야에서 활발하게 연구를 수행하는 연구 시설에 모여들어 과학의 난제를 함께 연구하기 시작한다면, 서로를 한결 깊이 이해하게 될 수도 있을 것이다. 그런 실례 중 하나인 제네바의 연구 집단에서는 여러 국가에서 힘을 모아 공동으로 사용하는 연구소를 세우고 원자물리학의 연구를 수행하기 위한 값비싼 실험 시설을 건설하자는 협정을 맺는 일까지 벌어졌다. 이런 식의 협력을 통해, 보다 젊은 세대의 과학자들은 과학의 여러 난제에 대해서 ― 심지어 순수한 과학의 영역을 벗어난 문제에서도 ―
공통된 관점을 가지게 될 수 있을 것이다. 물론 이곳에서 연
구를 수행하다 귀국하여 기존의 전통적 환경의 일부로 돌아
가야 하는 과학자들의 내면에서, 이런 식으로 뿌린 씨앗이 어
떤 결실을 맺게 될지는 알 수 없는 일이다. 그러나 여러 나라에
서 온 젊은 과학자들의 의견 교류, 그리고 각각의 나라에서 벌
어질 여러 세대의 과학자들 사이의 의견 교류가 과거의 전통
과 현대 사회에서 필수적인 사상의 간극을 메울 때 벌어지는
긴장을 상당히 완화시켜 줄 것이라는 사실에는 의심의 여지가
없다. 게다가 과학에는 서로 다른 문화 전통 사이의 강력한 유
대 관계를 처음 수립하기에 적합한 한 가지 특성이 있다. 특정
과학 연구의 절대적 가치를 정하거나, 연구에서 어떤 것이 옳
고 어떤 것이 틀린지를 정할 때는, 그 어떤 인간의 권위도 영향
을 끼칠 수 없다는 특성이다. 때로는 특정 문제의 답을 얻거나
진실과 오류를 구분할 때까지는 상당히 오랜 시간이 걸리기
도 하지만, 그 답을 정하는 것은 일군의 과학자들이 아니라 자
연 그 자체다. 따라서 과학을 연구하는 이들 사이에 과학의 사
상이 전파되는 과정은 정치 사상이 전파되는 과정과는 완전히
다르다.

　정치 사상은 그 사상이 대중의 이득에 전반적으로 부합하
거나 부합한다고 여겨지면 대중에 전파되어 영향력을 가질 수

있지만, 과학 사상은 오직 그 사실이 참이라는 이유만으로 전파된다. 과학 사상에는 그 주장이 참이라는 사실을 증명할 수 있는 객관적이고 명확한 기준이 존재하는 것이다.

지금까지 말한 국제 협력과 의견의 교류는 물론 현대 과학의 모든 분야에 통용되는 이야기이며, 원자물리학에만 국한된 것이 아니다. 이런 시점에서 보면 현대 물리학은 과학의 수많은 갈래 가운데 하나일 뿐이며, 그 기술적인 적용이 — 즉 핵에너지를 무기 또는 평화적인 목적으로 이용하는 일이 — 이 분야에 무게를 더해준다고 해서, 이 분야의 국제 협력을 다른 분야의 협력보다 훨씬 중요한 것으로 여길 이유는 없을 것이다. 그러나 이제 현대 물리학이 예전의 자연과학 발전에 비해 근본적으로 다른 지점이 어딘지를 살펴볼 때가 왔다. 이를 수행하기 위해 자연과학과 기술과학의 결합이 유럽 역사를 어떤 식으로 발전하게 만들었는지를 다시 한 번 살펴보도록 하자.

역사가들은 16세기 이후 자연과학의 부상이 그 이전의 인간 사조의 흐름에서 이어지는 당연한 결과물이었는가를 종종 논의하곤 한다. 기독교 철학의 특정 사조가 매우 모호한 신의 개념을 만들었으며, 신을 세계와 격리된 높은 곳에 놓아서 신을 생각하지 않고 세계를 보게 만들었다는 주장을 펼칠 수도 있을 것이다. 데카르트의 이분법이 이런 방향을 택한 발전의 마지막 단계라 할 수도 있을 것이다. 아니면 16세기에 벌어진 온갖 신학 논쟁이 이성만으로는 해결할 수 없으며 당대의 정치적 갈등에 그대로 노출되어 있던 문제들에 대한 전반적인 불만을 불러왔으며, 이런 불만이 신학 논쟁과 완전히 분리되어 있는 문제들에 대한 호기심으로 이어졌다고도 할 수 있을 것이다. 또는 단순히 르네상스를 통해 유럽 사회에 퍼진 새로운 정신이, 다양한 분야에 걸쳐 방대한 결과물을 배출했다는 사실을 언급할 수도 있을 것이다. 어찌됐든 이 기간 동안 기독교나 기독교 철학이나 교권에서 완전히 독립한 새로운 권위, 즉 실증주의와 경험에 기반을 둔 새로운 권위가 탄생한 것은 사실이다. 이런 권위의 기원을 과거의 사조, 이를테면 오컴이나 둔스코투스에서 찾는 일도 물론 가능하겠지만, 인류 행동의 필수적인 원동력이 된 것은 결국 16세기에 들어서였다. 갈릴레오는 역학적 운동을 연구하며 진자나 낙하하는 돌멩이 등을 단순히 생각하기만 한 것이 아니라, 실제로 정량적인 실험으로 옮겨서 운동이 어떤 식으로 일어나는지를 확인했다. 이런 새로운 시도는 분명 전통적인 기독교로부터 도피하려는 목적으로 시작된 것은 아니었다. 그와는 반대로, 이런 시도를 한 사람들은 신의 계시에는 두 가지 종류가 있다고 설파했다. 하나는 성경을 통한 계시고, 다른 하나는 자연이라는 책에 기록된 계시다. 성스러운 경전은 인간의 손을 빌려 쓴 것이므로 오류가 존재할 수 있으나, 자연은 신의 의도를 직접적으로 표현한 결과

물인 것이다.

그러나 경험을 강조하기 시작하자 현실을 보는 관점 또한 점진적으로 변화하기 시작했다. 중세 시대에는 현대의 우리가 상징적 의미라고 부르는 것들이 일차적 현실의 일부였으나, 현실이라는 개념은 차츰 우리가 감각을 통해 감지할 수 있는 내용이라는 뜻으로 바뀌게 되었다. 우리가 보고 만질 수 있는 것들이 일차적 현실이 된 것이다. 그리고 이런 새로운 현실의 개념은 새로운 행동 양식으로 연결되었다. 경험을 통해 실체를 파악하려는 시도가 등장한 것이다. 이런 새로운 관점을 통해 인간의 정신이 방대한 새로운 가능성의 세계로 항해를 시작했다는 사실은 그리 어렵지 않게 파악할 수 있다. 또한 교회 권력이 이런 새로운 사조로부터 희망이 아닌 위험을 감지했으리라는 점도 이해할 수 있을 것이다. 코페르니쿠스의 지동설에 대한 견해 때문에 갈릴레오가 종교재판정에 서게 된 유명한 일화는 이후 한 세기 이상 지속된 투쟁의 서막을 알리는 것이었다. 이 논란에서 자연과학의 대변인은 경험을 통하면 부정할 수 없는 진실을 손에 넣을 수 있으며, 인간의 권위로는 자연계에서 실제로 무슨 일이 벌어지는지를 결정할 수 없고, 이 결정을 내리는 것은 자연이며 이는 신의 의지로 이어진다고 설파했다. 이에 대해 전통적인 종교의 대변인은 물질계, 즉 우리가 감각을 통해 인지하는 세상에 과도한 관심을 기울이면 인간의 삶에서 필수적인 가치, 즉 물질계를 넘어선 곳에 존재하는 현실과 단절을 겪게 될 것이라고 주장했다. 이런 양쪽의 주장은 평행선을 달렸으며, 따라서 이런 분쟁은 합의나 결단을 통해 종결될 수 없는 것이었다.

그러는 동안 자연과학은 계속 발전해서 물질계를 보다 명확하고 넓은 시각에서 그려낼 수 있게 되었다. 물리학에서 이런 풍경을 묘사하는 데 사용하는 도구는 오늘날의 우리가 고전 물리학이라 부르는 학문의 개념들이었다. 세계는 공간과 시간 속의 사물들로 구성되어 있으며, 사물은 물질로 구성되어 있고, 물질은 힘을 생성할 수 있으며 힘의 작용을 받는 객체가 될 수도 있다는 것이다. 물질과 힘의 상호 작용으로부터 사건이 발생하며, 모든 사건은 다른 사건과 인과관계로 얽혀 있다. 동시에 자연을 향한 인간의 태도는 관조적인 자세에서 실용적인 자세로 바뀌었다. 이제 인간은 자연의 존재 자체에 대해 질문을 던지는 대신 자연을 이용해 무엇을 할 수 있는가를 묻기 시작한 것이다. 이에 따라 자연과학은 기술과학으로 바뀌었다. 지식의 발전할 때마다 그로부터 어떤 실용성을 유도해 낼 수 있는가라는 질문이 따라오기 시작했다. 이는 비단 물리학에만 한정된 이야기가 아니다. 화학과 생물학에 대한 태도도 기본적으로는 동일했으며, 약학이나 농학에 새로 도입된 방법론이 성공을 거두자 이런 태도는 널리 퍼져나가게 되었다.

이렇게 하여 19세기에 도달하자 마침내 자연과학을 위한 극도로 경직된 틀이 탄생했다. 비단 과학뿐 아니라 일반 대중에게도 전반적으로 적용되는 틀이었다. 이런 틀을 지탱하는 것은 고전 물리학의 개념, 즉 공간, 시간, 물질, 인과관계였다. 현실이라는 개념은 감각을 통해 지각할 수 있거나 기술과학이 제공한 세련된 도구를 이용해 관찰할 수 있는 사물이나 사건에 적용되었다. 물질이야말로 주된 현실이었다. 과학의 진보는 물질세계를 정복하기 위한 십자군 전쟁처럼 보였다. '효용'이 당대의 표어가 되었다.

하지만 이 틀은 너무 편협하고 경직되어 있어서, 우리 언어의 중심부에 언제나 존재하던, 정신이나 영혼이나 생명과 같은 개념들은 있을 곳을 찾기 힘들어졌다. 정신은 물질세계를 반영하는 거울로서만 전체 그림 속에 들어갈 수 있었다. 그리고 심리학이라는 과학을 통해 이 거울을 연구하는 과학자들은 ― 비유를 조금 더 밀고 나간다면 ― 그 광학적 성질보다 역학적 성질에 더 주의를 기울였다. 여기서도 고전 역학을, 그중에서도 주로 인과율을 적용하려는 시도가 있었다. 같은 방식으로 생명은 물리학 및 화학의 기작으로, 자연법칙을 따르고 인과율에 의해 완벽히 결정되는 대상으로 설명했다. 다윈의 진화라는 개념은 이런 해석에 대한 충분한 증거를 제공했다. 이런 틀 속에서 가장 설 자리를 찾기 힘든 개념은 오늘날에 와서는 상상의 산물이라 여겨지는, 과거의 고전 종교의 대상들이었다. 따라서 특정 사상을 극단적으로 추종하는 경향이 있는 유럽 국가들에서는 종교를 향한 과학의 공공연한 적대감이 조성되었고, 다른 국가들에서도 종교적 문제에 대한 무관심이 늘어가고 있다. 지금 상황에서 이런 흐름에서 벗어난 정신적 개념은 기독교가 가지는 도덕적 가치뿐인 것으로 보인다. 과학적 방법론과 이성적 사고에 대한 신념이 인간 정신의 다른 모든 안전장치를 대체해 버린 것이다.

여기서 다시 현대 물리학의 영향으로 돌아와 보자면, 현대 물리학의 결론이 가져온 가장 중요한 변화는 이런 19세기의 경직된 틀을 해체해 버린 것이라 할 수 있을 것이다. 물론 그 이전에도 현실의 필수적인 부분을 이해하기에는 너무 편협해 보이는 이런 경직된 틀에서 벗어나기 위한 여러 시도가 존재해 왔다. 그러나 물질, 공간, 시간, 인과율처럼 과학의 역사 내내 완벽하게 작동해 온 기본 개념들의 흠결을 찾아내는 일은 불가능했다. 기술과학이 제공하는 섬세한 도구를 사용한 실험을 통한 연구, 그리고 그 결과의 수학적 해석을 통해 비판적 분석의 근간이 마련된 다음에야 — 또는 비판적 분석을 할 수밖에 없게 된 상황에 이르러서야 — 마침내 이런 경직된 틀이 해체될 수 있었던 것이다.

이런 해체는 확연하게 구분되는 두 단계를 거쳐 일어났다.

첫 번째 단계는 상대성이론을 통해 시공간처럼 기본적인 개념 조차도 바뀔 수 있으며, 새로운 경험에 적용하기 위해서는 바꿔야만 한다는 발견이었다. 이런 변화는 모호한 자연언어의 시공간 개념에 일어난 것이 아니라, 한때 최종 형태라고 잘못 생각되었던 엄밀한 의미를 가지는 뉴턴 역학의 과학 언어에 일어난 것이다. 두 번째 단계는 원자 구조와 연관된 실험 결과 때문에 물질이라는 개념을 재고하게 된 것이었다. 물질로 구성된 현실이라는 관념은 19세기의 개념으로 구성진 경직된 틀에서 가장 강한 영향력을 가지고 있었지만, 이제 새로운 경험이 등장하자 그에 연관되도록 적어도 개량 정도는 해야 할 필요가 발생한 것이다. 이번에도 자연언어에 속한 개념들은 변화를 겪지 않았다. 원자 단위의 실험과 그 결과를 기술할 때는 아무런 문제도 없이 물질이나 사실이나 현실을 언급할 수 있다. 그러나 과학에서 물질의 가장 작은 단위를 설명할 때, 고전 물리학처럼 단순한 방식으로 개념을 적용하는 일은 이제 불가능하다. 과거 물질이라는 문제를 파악하는 보편적 관점이었던 고전 물리학이 더 이상 적용될 수 없게 된 것이다.

이런 새로운 결과들은 과학의 개념을 다른 분야에 강제로 적용하는 행동에 심각한 경종을 울렸다. 예를 들어 고전 물리학을 화학에 적용하는 일은 실패로 끝났다. 그 덕분에 오늘날 과학자들은 물리학의 개념을, 심지어 양자론의 개념까지도, 생물학을 비롯한 기타 과학 분야에 당연히 적용할 수 있을 것이라 생각하지 않는다. 반대로 이제는 새로운 개념이 도입되는 일을 두 팔 벌려 환영해야 한다. 심지어 예전의 개념이 현상을 이해하는 데 매우 유용했던 과학 분야에서도 말이다. 고전 개념을 적용하는 부분이 작위적이거나 문제를 해결하는 데 적절치 못하다는 생각이 드는 곳에서는 특히 성급한 결론을 내리지 않도록 조심해야 할 것이다.

또한 현대 물리학의 발전과 분석에서 중요한 특성 중 하나는, 지식을 확장하고자 할 경우에는 모호하게 정의되어 있는 자연언어의 개념 쪽이 제한된 일군의 현상으로부터 이상적인 경우를 상정해 유도해 낸 과학언어의 엄밀한 용어보다 안정적으로 보인다는 것이다. 사실 자연언어의 개념이 현실과 직접 연결되어 형성된 것이라는 사실을 생각해 보면 그리 놀라운 일은 아니다. 자연언어는 현실을 나타내는 것이다. 물론 제대로 정의되어 있지 않으며 따라서 시대의 흐름에 따라 정의 또한 변화할 수 있다는 것은 사실이다. 하지만 현실도 마찬가지로 변하게 마련이며, 자연언어는 현실과 직접 연결된 상태를 항상 유지한다. 반면 과학의 개념은 이상화의 결과물이다. 섬세한 실험 도구를 사용해 얻어낸 경험에서 유추한 것이며, 공리와 정의를 통해 명확한 의미를 가진다. 이런 명확한 정의를 통해서만 개념과 수학 공식을 연결하고, 해당 분야에 존재하는 무한히 많은 가능한 현상을 수학적으로 유도해 내는 것이 가능하다. 그러나 이런 이상화 및 명확한 정의 과정을 통해 현실과의 직접적 연결은 사라져 버리고 만다. 이 개념은 여전히 연구의 대상이 되는 자연의 일부로서 현실에 밀접하게 대응한다. 그러나 이런 대응 관계는 다른 현상들로 구성된 다른 부분에서는 소멸해 버릴 수 있다.

자연언어가 과학의 발전 과정에서 본질적인 안정성을 유지했다는 점을 염두에 두면, 현대 물리학이라는 경험 이후에는 정신이나 영혼이나 생명이나 신과 같은 개념들에 대한 우리의 태도가 19세기와는 달라질 것이라는 점을 깨닫게 된다. 이런 개념들은 자연언어에 속해 있으며 따라서 현실과 직접적으로 연결되어 있기 때문이다. 과학의 관점에서 보기에 명확하게 정의되어 있지 않으며 이를 적용하면 다양한 모순이 발생하리라는 점은 분명 사실이다. 지금 우리가 받아들이는 이런 개념들은 제대로 분석되지 않은 상태이기 때문이다. 그러나 우리는 이런 개념들이 현실과 접점을 가진다는 사실을 분명히 알고 있다. 가장 엄밀한 과학인 수학에서조차 모순을 일으키는 개념을 사용하는 일을 피할 수 없다는 사실을 기억하길 바란다. 예를 들어, 무한이라는 개념이 모순을 불러올 수밖에 없다는 사실은 이미 분석이 끝나 있지만, 무한 개념을 배제하면 여러 수학 논리를 구성하는 일은 말 그대로 불가능해진다.

19세기의 전반적인 사조는 과학적 방법론과 명징한 이성적 용어에 대해 갈수록 자신감을 더해 가는 경향성을 보였으며, 따라서 과학적 사고라는 폐쇄된 틀에 들어맞지 않는 자연언어의 개념, 예를 들면 종교에 대해 전반적으로 회의적인 태도를 취하게 되었다. 현대 물리학은 여러 측면에서 이런 회의주의를 가속시켰다. 그러나 동시에, 현대 물리학은 명확한 과학적 개념의 중요성에 대한 과도하게 높은 평가를 자제하고, 진보에 대한 지나치게 낙관적인 관점에 반대를 표하며, 마침내 회의주의 자체를 재고하게 만들었다. 엄밀한 과학적 개념에 대해 회의적인 태도를 가진다고 해서 이성적 사고의 적용에 명확한 한계선이 있어야 한다는 뜻으로 이어지지는 않는다. 그와 반대로, 이해를 하는 인간의 능력 자체는 어떤 면에서는 무한하다고 할 수 있을 것이다. 그러나 현존하는 과학 개념은 항상 현실의 매우 제한된 일부만을 나타내며, 아직 이해되지 못한 부분은 무한하게 존재한다. 인지의 세계에서 미지의 세계로 진입할 때마다 우리는 항상 더 많은 것을 이해할 수 있으리라는 희망을 품지만, 결국 동시에 '이해'라는 용어에 새로운 의미가 존재한다는 사실을 배우게 되기도 한다. 자연언어야말로 현실과 접점을 가진다는 것이 명확한 개념이기 때문에, 우리는 모든 이해가 궁극적으로는 자연언어에 기반을 두어야 한다는 사실을 알고 있다. 또한 그 때문에 이런 자연언어와 그 안의 필수적인 개념에 대한 회의주의에는 조심스럽게 접근해야 할 것이다. 따라서 우리는 이런 개념들을 항상 사용해 온 대로 사용할 수 있다. 이렇게 생각하면 현대 물리학은 인간의 정신과 현실 사이의 연결을 확장하는 새로운 문을 열었다고 볼 수도 있을 것이다.

우리 시대에 현대 과학은 유럽 문명과는 완전히 다른 전통 문화를 가지는 세계의 다른 지역까지 침투해 들어가 있다. 그런 곳에서 자연과학과 기술과학의 새로운 활동 때문에 발생하는 충격은 유럽에서보다 훨씬 크게 느껴질 텐데, 유럽에서 2~3세기에 걸쳐 벌어진 삶의 조건의 변화가 그런 지역에서는 수십 년에 걸쳐 벌어지게 되기 때문이다. 여러 지역에서 이런 새로운 활동이 예전의 문화를 가혹하고 야만적인 방식으로 끌어내려 인간의 모든 행복의 기반이 되는 미묘한 균형 상태를 뒤흔들 것이라는 점은 쉽사리 예측할 수 있다. 이런 상황을 피할 도리는 없으니, 그저 우리 시대의 양상 중 하나로 받아들일 수밖에 없을지도 모르겠다. 그러나 이런 경우에도 현대 물리학의 개방적인 성향은 어느 정도까지는 과거의 전통과 새로운 사조가 조화되도록 도와줄 수 있을지도 모른다. 예를 들어, 지난 대전 이후 일본이 이론물리학에 막대한 기여를 했다는 점을 생각해 보면, 극동의 전통에 속하는 철학 사상과 양자론의 철학적 요소가 어느 정도 연관이 있을지도 모른다. 이번 세기의 초반까지 유럽에서 유행하던 순진한 유물론적 사고방식을 경험하지 않는 편이 양자론의 개념에 적응하기에는 쉬울 수도 있을 것이다.

물론 이런 상황에만 눈을 돌려서 기술 진보의 충격이 과거의 문화 전통에 입혔거나 입히고 있는 막대한 피해를 간과해서는 곤란하다. 그러나 이런 현상 자체가 이미 한참 전에 인간의 힘으로 통제할 수 없는 영역으로 들어간 이상, 우리 시대의 본질적인 특성으로 인정하고 최대한 과거의 문화 및 종교 전통의 목표였던 인본주의 가치관으로 연결하려 시도하는 것이 최선일 것이다. 여기서 유대교에서 전해지는 이야기를 하나 인용하는 편이 좋을지도 모르겠다. 지혜로 이름난 늙은 랍비가 한 명 있었는데, 온갖 부류의 사람들이 그를 찾아와 조언을 구했다. 한 남자가 자기 주변에서 벌어지는 온갖 변화에 절망하고, 소위 말하는 기술적 진보의 해악에 개탄하며 랍비를 찾아왔다. "기술이라는 것들은 삶의 진정한 가치를 추구하는 사람에게는 아무 쓸모없는 것 아닙니까?" 남자는 이렇게 주장했다. 랍비는 "그럴지도 모르지만, 옳은 태도를 지니고 있다면 모든 것에서 배움을 구할 수 있는 법일세"라고 대답했다. 남자는 그에 대해 "아닙니다. 철도나 전화나 전신 같은 어리석은 것들에서는 아무것도 배울 수 없습니다"라고 대꾸했다. 그러나 랍비는 "자네가 잘못 생각하는 걸세. 철도로부터는 단 한순간만 늦어도 모든 것을 잃게 된다는 사실을 배울 수 있지. 전신으로부터는 모든 단어에 의미가 담겨 있다는 사실을 배울 수 있고. 전화로부터는 한 곳에서 말한 내용이 다른 곳에서도 들린다는 사실을 깨달을 수 있지 않은가"라고 대답했다. 방문객은 랍비의 말을 이해하고 물러갔다.

마지막으로 현대 물리학은 우리 세계의 큰 부분을 차지하는, 고작해야 수십 년 전에 성립된 새로운 교리에 입각해 새롭고 강력한 사회 체제를 건설한 지역으로도 침투해 들어갔다. 그곳에서 현대 과학은 19세기 유럽의 철학 사상(헤겔과 마르크스)까지 거슬러 올라가는 교리, 그리고 타협할 생각이 없는 단호한 신념 양쪽을 상대해야 한다. 현대 물리학이 그 유용성 때문에 그런 국가들에서도 중요한 역할을 수행하기 때문에, 현대 물리학과 그 철학적 함의를 제대로 이해한 사람들은 자신들의 교리의 편협성을 느끼지 않을 수 없으며, 이 지점에서 과학과 일반 사조의 상호 작용이 일어날 수 있다. 물론 과학의 영향력을 과대평가하면 곤란할 것이다. 그러나 현대 과학의 개방성 덕분에 보다 넓은 범주의 사람들이 사회에서 교리가 가지는 중요성이 예전에 생각한 것만큼 크지 않을 수도 있다는 사실을 깨닫게 될지도 모른다. 이런 식으로 사람들의 생각을 보다 관용적인 방향으로 바뀌게 할 수 있다면, 현대 과학의 영향력 또한 나름의 가치를 지닌다고 할 수 있을 것이다.

반면 타협 불가능한 신념이라는 현상은 19세기에 유래한 특정 철학 관념보다 훨씬 더 중요한 영향을 끼친다. 일부 주요 사상이나 교리가 옳은지를 따지게 되면, 상당히 많은 사람들이 제대로 판단을 내리는 경우가 드물다는 사실을 무시할 수는 없을 것이다. 따라서 이런 다수에게 있어 '신념'이라는 단어는 '특정 대상의 진실을 인지한다'라는 의미가 아니라 '특정 대상을 삶의 근간으로 여긴다'라는 의미를 지닌다. 후자의 신념은 전자에 비해 훨씬 강고하며, 훨씬 경직되어 있고, 완벽하게 모순되는 경험에 직면해서도 꺾이지 않으며, 따라서 과학적 지식이 더해진다고 해서 흔들리지 않게 마련이다. 지난 20년 동안의 역사는 두 번째 부류의 신념이 때론 완벽하게 황당할 정도까지 떠받들어질 수 있으며, 신념을 지닌 자들이 목숨을 잃어야만 끝나게 된다는 사실을 보여주었다. 과학과 역사는 이런 부류의 신념이 그 신도들에게 매우 위험할 수 있다는 사실을 증명해 보였다. 그러나 그런 사실을 알고 있더라도 피할 방법을 모르는 이상 아무 소용도 없으며, 결국 이런 신념은 인류 역사에서 항상 주요 동력으로 작용할 것이다. 19세기 과학의 전통의 관점에서 보면 신념이란 모든 주장을 이성적으로 분석하고 신중히 숙고한 결과물에 대한 것이어야 한다. 그리고 다른 부류의 신념, 즉 실제 또는 피상적인 진실을 단순히 삶의 근간으로 받아들이는 신념은 존재해서는 안 된다. 순수한 이성을 기반으로 신중하게 숙고할 수 있다면 수많은 실수와 위험을 피해갈 수 있다는 것은 사실인데, 이런 태도를 취할 경우 새로운 사실에 맞춰 신념을 수정할 수 있기 때문이다. 그리고 인간의 삶에서는 이런 수정이 필수적이다. 그러나 현대 물리학의 경험을 떠올려 보면, 숙고와 결단 사이에 기본적인 상보성이 존재해야 한다는 사실을 어렵지 않게 파악할 수 있을 것이다. 현실의 결정을 내릴 때, 하나의 결정에 찬성하거나 반대하는 모든 주장을 고려해 보는 것은 거의 불가능에 가까울 것이며, 따라서 불충분한 증거에 기반해 결정을 내려야 한다. 결국 결정을 내릴 때는 모든 주장을 배제하고 ─ 지금까지 이해한 주장과 숙고를 계속하면 등장할 주장 모두 ─ 그 지점에서 더 이상의 탐구를 멈추어야 한다. 따라서 결정이란 숙고의 결과물이면서 동시에 숙고와는 상보적인 존재이기도 하다. 결정을 내리는 순간 숙고는 끝나기 때문이다. 인생에서 가장 중요한 결정조차도 비이성적인 요소를 포함하고 있을 수밖에 없다. 우리가 의지할 존재, 행동의 근거가 될 원칙이 필요한 이상 결정을 내리는 행동은 필수적이다. 결연한 태도가 없다면 우리의 모든 행동은 원동력을 잃을 것이다. 따라서 실제 또는 겉보기 진실이 삶의 근간을 이루는 것을 피할 수는 없다. 그리고 우리와는 다른 진실을 삶의 근간으로 삼는 사람들이 존재한다는 사실도 용인할 수 있어야 할 것이다.

지금까지 살펴본 현대 과학의 성질을 생각해 보면, 현대 물리학이 우리 세계를 확장하고 모든 사물의 합일을 추구하는 보편적인 역사 흐름의 극도로 특이한 사례일 뿐이라는 결론을 내릴 수 있을지도 모른다. 이런 보편적인 역사 흐름을 생각해 보면 우리 시대에 크나큰 위험을 불러온 문화적 또는 정치적 긴장은 상대적으로 사소해 보인다. 그러나 이는 반대 방향으로 작용하는 다른 흐름을 동반하기 마련이다. 많은 수의 일반 대중이 모든 힘의 합일이라는 흐름의 존재를 깨달았다는 사실은, 곧 현존하는 문화 공동체들로 하여금 그들의 전통적 가치가 최후의 합일 속에서 최대한 중요한 역할을 맡도록 노력하게 만든다. 여기서 갈등이 발생하며, 반대 방향으로 작용하는 두 가지 흐름은 본질적으로 연결되어 있기 때문에 합일을 향한 동력(이를테면 새로운 기술적 진보 등)이 강해지면 그만큼 최종 상태에 영향을 끼치기 위한 투쟁도 강해지게 마련이며, 지금 우리가 위치한 중간 단계의 불안정성은 한층 증가한다. 현대 물리학은 이런 위태로운 합일의 과정에서 아주 작은 역할만 맡고 있는지도 모른다. 그러나 현대 물리학은 두 가지 측면에서 보다 차분한 진화가 일어나도록 결정적인 도움을 준다. 하나는 진보 과정에서 병기를 사용하면 재앙을 불러올 수 있다는 점을 보여준다는 것이고, 다른 하나는 모든 개념에 대해 개방적이라는 사실을 통해 합일의 최종 단계에서 서로 다른 수많은 문화 전통이 공존하며 서로 다른 인간의 시도를 한데 묶어 사상과 행위, 행동과 명상 사이에서 새로운 균형점을 찾을 수 있으리라는 희망을 제공해 준다는 것이다.

노벨상 수락 강연

양자역학의 발전

　이번 제 강연의 주제인 양자역학은 보어의 대응 원리를 다듬어서 완벽한 수학 공식으로 확장하는 과정에서 태어났습니다. 고전 물리학의 틀을 깨고 나온 양자역학이라는 새로운 물리학 분야의 관점은 보어의 원자 구조 이론과 빛의 복사 이론에서 발생한 여러 난점을 해결하려 노력해 온 여러 연구자들의 성과 덕분에 성립될 수 있었습니다.

　1900년, 플랑크는 자신이 발견한 흑체 복사의 법칙을 연구하다가 광학에는 고전 물리학으로는 도저히 설명할 수 없는 불연속적인 현상이 존재함을 깨달았습니다. 이 현상은 결국 수년 후에 아인슈타인의 광입자 가설을 통해서야 정확하게 기술

될 수 있었습니다. 광입자 가설에서 확연히 드러나는 시각적인 개념은 맥스웰의 이론과 조화를 이루는 일이 불가능하기 때문에, 결국 연구자들은 직접적인 시각화를 거부하는 방식으로 복사 현상을 이해해야 한다는 결론을 받아들일 수밖에 없었습니다. 플랑크가 발견하고 아인슈타인과 디바이를 비롯한 많은 물리학자들이 사용한 복사 현상에서의 불연속성이라는 요소는 물질의 작용에도 중요한 역할을 하며, 보어는 '양자론의 기본 명제'를 통해 그 사실을 체계적으로 설명했습니다. 이 기본 명제는 보어-조머펠트의 원자 구조에 대한 양자 조건과 함께 원자의 화학 및 광학적 성질을 정량적으로 해석할 수 있는 근간을 이루었습니다. 원자 단위의 계에서 이런 기본 명제를 명확하게 확인할 수 있다는 사실은, 그런 계에서 고전 역학을 제대로 적용할 수 없다는 사실과 크게 대조되는 것이었습니다. 문제는 원자의 성질을 제대로 이해하려면 적어도 정량적인 요소에 대해서는 고전 역학을 적용할 수 있어야만 한다고 생각해 왔다는 것입니다. 이런 상황은 플랑크 상수가 중요한 역할을 수행하는 미소 수준의 자연 현상을 이해하기 위해서는 시각적인 기술을 대부분 포기해야만 한다는 가정을 뒷받침해 주는 새로운 논증이 되었습니다. 고전 물리학은 근본적으로 시각화할 수 없는 미소 물리학을 시각화할 수 있는 제한된 조건으로 보였고, 시각적으로 정확하게 구현할수록 계의 변수에 대한 플랑크 상수는 점차 사라져 간다고 본 것입니다. 고전 역학을 양자역학의 제한 사례로 보는 관점은 결국 보어의 대응 원리로 이어졌는데, 이는 적어도 정성적인 방식으로는 고전 역학에서 성립된 많은 결론을 양자역학으로 옮겨 주는 역할을 수행했습니다. 대응 이론과 연관된 다른 논의 중에는 양자역학의 법칙이 원칙적으로 통계적인 성질을 지니는가에 대한 논의도 있었습니다. 아인슈타인의 플랑크 복사 법칙 유도를 보면 이런 가능성은 명백해집니다. 결국 보어, 크라머스, 슬레이터가 복사이론과 양자론의 관계를 분석하여 다음과 같은 과학적 결론을 도출해 냈습니다.

양자론의 기본 명제에 따르면, 원자 단위의 계는 개별적인 정상 상태를 취할 수 있으며, 따라서 독자적인 에너지값을 가질 수 있습니다. 원자의 에너지로 표현하자면 이런 계에서 빛의 방출과 흡수는 단속적인 형태, 즉 순간적인 충격량으로 나타납니다. 반면 방출된 복사의 시각화 가능한 성질은 파동의 역장 형태로 기술할 수 있는데, 여기서 원자의 최초 상태와 최종 상태의 에너지 차이를 주파수와 연관시키면 다음과 같이 나타낼 수 있습니다.

$$E^1 - E^2 = b\,v$$

하나의 원자가 가지는 각각의 정상 상태에는 특정 상태에서 다른 상태로 변할 수 있는 가능성을 특정하는 여러 변수가 대응합니다. 고전적 개념에서는 궤도를 도는 전자가 방출하는 복사와 복사의 확률을 정하는 변수 사이에는 직접적인 연관 관계가 존재하지 않습니다. 하지만 보어의 대응 원리는 고전 경로의 푸리에 전개의 특정 항이 개별 원자의 전이에 배정되도록 하고, 특정 전이가 일어날 확률을 해당 푸리에 성분들의 강도와 정성적으로 비슷한 법칙을 따르도록 만듭니다. 따라서 러더포드, 보어, 조머펠트와 기타 연구자들의 연구 결과, 원자를 전자로 구성된 행성계로 비유하여 원자의 광학 및 화학적 성질을 정성적으로 해석할 수 있게 만들기는 했지만, 전자계의 고전적인 스펙트럼과 원자 스펙트럼 사이에 존재하는 근본적인 차이점 때문에 결국 전자 경로라는 개념을 배제하고 원자를 시각적으로 기술하려는 시도를 포기할 수밖에 없게 되었습니다.

전자 경로라는 개념을 정의하기 위해 필요했던 실험은 동시에 그 개념을 재고하는 데도 도움이 되었습니다. 원자 내부의 전자 경로를 관찰하기 위한 가장 단순명쾌한 방법은 아마도 극도로 해상도가 높은 현미경을 사용하는 방법일 것입니다. 그러나 이런 현미경에 올린 시료에는 매우 짧은 파장을 가지는 빛으로 조명을 비추어야 할 테니, 광원에서 처음 출발한 광자가 전자에 도달한 다음 관찰자의 눈까지 도달하는 과정에서, 전자는 콤프턴 효과의 법칙에 따라 완전히 자신의 경로에서 떨어져 나오게 됩니다. 따라서 실험을 통해 특정 순간에 관찰할 수 있는 전자 경로는 온전한 경로가 아니라 단 하나의 점에 지나지 않게 됩니다.

따라서 이런 상황에서 가장 좋은 방책은 윌슨의 실험에 의한 입증과 이후 이어진 전자 경로 개념을 최대한 양자역학으로 가져오기 위한 수많은 시도에도 불구하고, 일단 전자 경로라는 개념을 전부 폐기하는 것입니다.

고전 이론에서 원자가 방출하는 모든 광파의 진동수, 진폭, 위상과 같은 성질을 특정하는 일은 원자 내부의 전자 경로를 특정하는 일과 동등하다고 할 수 있습니다. 원자가 방출하는 파동의 진폭과 위상으로부터 전자 경로의 푸리에 전개에 대한 계수를 명확하게 유도해 낼 수 있기 때문에, 모든 진폭과 위상을 알기만 하면 완벽한 전자 경로를 유도해 내는 것도 가능합니다. 마찬가지로 양자역학에서 원자가 방출하는 복사의 진폭과 위상을 모두 파악하면 원자 단위의 계를 완벽하게 기술했다고 간주할 수 있을 것입니다. 물론 이 경우에는 전자 경로의 개념으로 복사를 유도해 내는 해석은 불가능할 테지만 말입니다. 따라서 양자역학에서는 좌표계를 이용하여 전자의 위치를 표현하고자 하면 고전적인 운동 경로의 푸리에 계수에 대응하는 변수의 조합의 형태를 가지게 됩니다. 그러나 이는 더 이상 에너지 준위나 대응하는 진동수에 의해 나뉘는 것이 아니라, 원자의 두 정상 상태에 따라 나뉘며, 특정 정상 상태에서 다른 정상 상태로 전이될 수 있는 확률로 측정됩니다. 이런 부류의 복소수 계수는 선형 대수의 행렬과 비교할 수 있을 것입니다. 고전 역학의 개별 변수, 이를테면 전자의 운동량이나 에너지와 동일한 방식으로, 양자역학에서 대응하는 행렬에 배치하는 일이 가능한 것입니다. 여기서 현상의 실증적인 상태를 기술하는 것 이상으로 전진하기 위해서는, 고전 역학에서 대응되는 변수들을 운동 방정식에 적용시킨 것처럼 개별 변수에 적용되어 있는 행렬들을 체계적으로 연결시킬 필요가 있습니다. 고전 역학과 양자역학 사이에 최대한 밀접한 대응 관계를 구축하는 목적을 위해서 푸리에 수열의 합이나 곱연산을 양자론 복소수의 합이나 곱연산의 예시로 잠정적으로 받아들일 때는, 양쪽 변수를 행렬로 표현한 결과물은 선형대수의 행렬의 곱의 형태로 표현되는 것이 가장 자연스럽습니다. 이는 이미 크라머스-라덴부르크가 분산 이론을 정립하는 과정에서 제안한 가정입니다.

따라서 단순히 양자역학에 고전 물리학의 운동 방정식을 적용하고 이를 고전적인 변수를 나타내는 행렬 사이의 관계로 간주하는 편이 일관적인 것으로 보입니다. 보어-조머펠트의 양자 조건 또한 행렬 사이의 관계로 재해석할 수 있으며, 이를 운동 방정식과 함께 적용하면 모든 행렬을 정의하고, 그로부터 원자의 관찰 가능한 성질을 실험적으로 도출하는 일이 가능해집니다.

위에서 개략적으로 살펴본 수학 공식을 일관적이고 실용성을 가지는 이론으로 확장한 공로는 보른, 요르단, 디랙에게 있습니다. 이들은 양자 조건을 운동량을 나타내는 행렬과 전자의 좌표를 나타내는 행렬 사이의 교환 관계로 서술할 수 있다는 사실을 처음 발견하였고, 이를 통해 다음과 같은 방정식을 도출했습니다. (pr: 운동량 행렬, qr: 좌표 행렬)

$$p_r q_s - q_s p_r = \frac{b}{2\pi i} \delta_{rs} \qquad q_r q_s - q_s q_r = 0 \qquad p_r p_s - p_s p_r = 0$$

$$\delta_{rs} = \begin{cases} \text{I for r = s} \\ \text{0 for r} \neq \text{s} \end{cases}$$

이런 교환 관계를 통해 이들은 양자역학의 법칙뿐 아니라 고전 역학의 기초가 된 법칙도 확인할 수 있었습니다. 즉, 에너지, 운동량, 각운동량이 시간에 대해 불변성을 가진다는 것입니다.

따라서 이렇게 유도한 수학 공식은 그 형식에 있어 고전 이론의 공식과 근본적인 유사성을 가지며, 피상적인 차이점은 고전 이론의 경우 해밀턴 함수로부터 운동 방정식을 유도하는 일이 가능하다는 정도입니다.

그러나 양자역학과 고전 역학이 보이는 물리학적인 결과에는 중대한 차이가 존재하는데, 이를 이해하려면 양자역학의 물리적 해석에 대한 체계적인 논의가 필요합니다. 앞에서 내린 정의에 따라서, 양자역학은 원자가 복사를 방출하는 과정, 정상 상태에서의 에너지값, 기타 정상 상태에서의 여러 변수가 가지는 특성을 사용 가능하도록 만들어 줍니다. 따라서 양자론은 원자 스펙트럼의 실험 결과와 일관성을 가진다고 할 수 있을 것입니다. 그러나 그 모든 상황에서 순간적인 사건에 대한 시각적 기술이 필요할 때마다, 이를테면 윌슨의 사진을 해석할 경우에, 이 이론의 공식은 실험 상태를 적절한 방식으로 표현하는 데 제약을 가하는 것처럼 보입니다. 이 시점에서 드브로이의 가설에 근간을 두고 발전한 슈뢰딩거의 파동역학이 양자역학을 돕기 위해 등장합니다.

다음 순서에서 슈뢰딩거 본인이 직접 발표할 연구를 진행하면서, 그는 원자의 에너지값을 결정하는 문제를 특정 원자의 좌표계 공간에서 경계값 문제에 의해 결정되는 고유값 문제로 치환하는 데 성공했습니다. 슈뢰딩거가 자신이 발견한 파동역학이 양자역학과 수학적 등가성을 가진다는 사실을 증명하자,

서로 다른 두 가지 물리학 영역이 한데 모여 훌륭한 결실을 맺었고, 이는 양자론의 형식을 확장하고 풍요롭게 만드는 결과를 불러왔습니다. 우선 복잡한 양자 계에 파동역학을 적용하여 수학적으로 다루는 일이 가능해졌고, 다음으로 양쪽 이론의 연결 관계를 분석하여 디랙과 요르단의 변형이론으로 이어진 것입니다. 이 강연의 제약 안에서 변형이론의 수학적 구조를 자세히 서술하는 것은 불가능하기 때문에, 그저 그 이론이 물리적으로 얼마나 근본적인 중요성을 가지는지만 언급하고 싶습니다. 양자역학의 물리 원칙을 보다 확장된 형식에 대입하는 일을 통해, 변형이론은 원자 단위의 계가 가지는, 실험적으로 특정할 수 있는 특정 현상이 지정된 실험 조건하에서 일어날 가능성을 완전히 보편적인 언어로 계산할 수 있도록 해 준 것입니다. 복사이론의 연구에서 추측하고 보른의 충돌이론에서 명확한 용어로 표현된 가설, 즉 파동함수가 소립자의 존재 확률을 정한다는 가설은 보다 일반적인 법칙들의 특수한 상황으로 간주할 수 있게 되었고, 따라서 양자역학의 기본 가정에 따르는 당연한 결과로 받아들일 수 있게 되었습니다. 슈뢰딩거, 그리고 이후 연구를 진행한 요르단, 클라인, 위그너는 양자론의 원리가 허용하는 한도 내에서, 드브로이가 처음 제창했으며 그 발상 자체는 양자역학의 등장 전까지 거슬러 올라가는 시공간 내에서 시각적인 형태를 가지는 물질파라는 개념을 최대한 확장하는 데 성공한 것입니다. 그러나 슈뢰딩거의 개념과 드브로이의 최초 가설의 연결 고리는 파동역학의 통계적 해석, 그리고 슈뢰딩거의 이론이 다차원 공간에서의 파동을 다룬다는 사실을 고려해 보면 다소 헐거워 보입니다. 양자역학의 명확한 중요성에 대해 논의하기 전에, 3차원 공간에서의 물질파라는 문제를 간략하게 다루어 보는 편이 옳을 것 같습니다. 이 문제에 대한 해답은 파동역학과 양자역학을 결합시킬 때만 얻을 수 있기 때문입니다.

양자역학이 등장하기 훨씬 전부터, 파울리는 원소 주기율표의 법칙으로부터 특정 양자 상태는 하나의 전자만 점유할 수 있다는 유명한 배타 원리를 유추해 냈습니다. 그리고 처음 볼 때는 놀랍기만 한 결과 덕분에 이 원리를 양자역학으로 옮길 수 있게 되었습니다. 그 결과란 원자계의 정상 상태 구조가 명확한 분류가 가능하며, 심지어 특정 분류 상태에 속하는 원자는 어떤 섭동 하에서도 다른 분류에 속하는 상태로 변할 수 없다는 것입니다. 이런 상태의 분류는 위그너와 훈트의 연구에 의해 마침내 의심의 여지가 없게 정리되었는데, 그 기준은 바로 슈뢰딩거의 고유함수가 두 전자의 좌표의 전이에 대해 가지는 명확한 대칭 구조입니다. 전자의 근본적 특성 때문에, 두 전자가 자리를 교환해도 원자 외부의 섭동은 변하지 않으며, 따라서 다양한 분류 상태 사이의 전이는 일어나지 않는 것입니다. 파울리 원리와 여기서 유도되어 나온 페르미-디랙 통계는 자연계에서는 단 하나의 정상 상태만이 성립할 수 있다는 말과 같은 의미를 가집니다. 두 전자가 교환될 때는 고유함수의 부호가 바뀌게 되는 것입니다. 디랙에 따르면 대칭되는 항으로 구성되어 있는 계를 선택하면 파울리 원리가 아니라 보스-아인슈타인 통계를 따르게 된다고 합니다.

파울리 원리나 보스-아인슈타인 통계를 따르는 정상 상태의 분류와 드브로이의 물질파 개념 사이에는 기묘한 연관 관계가 존재합니다. 공간파 현상은 푸리에 원리를 사용해 분석한 다음 개별 푸리에 요소를 파동에 적용해서, 양자역학의 일반 법칙이라는 자유도를 가지는 계로서 간주하면 양자론의 원리에 따르도록 만들 수 있습니다. 디랙의 복사 원리 연구에서도 성과를 거둔, 파동이라는 현상을 양자론으로 해석하는 방식을 드브로이의 물질파에도 적용하면, 양자역학을 따르며 서로 대칭이 되는 항을 가지는 물질 입자의 구조체에 적용할 때와 완벽하게 동일한 결과를 얻을 수 있습니다. 요르단과 클라인은 전자의 상호 작용, 이를테면 지속적인 공간전하의 존재로부터 발생하는 역장의 에너지 등을 드브로이의 물질파 계산에 추가하기만 하면 이런 두 방식이 수학적으로 동치 관계에 있다고 주장합니다. 슈뢰딩거가 생각한 물질파에 적용되는 에너지-운동량 텐서 또한 이 원리에 적용하여 공식의 일관적인 요소로 간주할 수 있게 됩니다. 요르단과 위그너의 연구는 이런 파동의 양자론의 근간에 깔려 있는 교환 관계를 수정하기만 하면 파울리의 배타원리의 가정을 이용한 양자역학의 공식화와 대등한 결과로 이어진다는 사실을 증명합니다.

이런 연구 덕분에 우리가 상상할 수 있는 시각적인 원자 구조가 원자핵과 전자로 구성된 항성계뿐이 아니라는 사실이 확실해졌습니다. 도리어 원자를 전하 구름에 비유하고, 이런 개념에서 태어난 양자론의 공식을 이용해 원자의 행동에 대한 정량적 결론을 유도해도 옳은 결과를 얻을 수 있다는 사실이 드러난 것입니다. 그러나 이런 결과를 계속 추적해 나가는 일은 파동역학의 몫입니다.

그러니 양자역학의 공식으로 돌아가 보기로 합시다. 이 공식을 물리학의 문제에 적용해도 되는 이유는 일부는 양자론의 기초 가정에서, 다른 일부는 파동역학을 이용해서 변환이론으로 확장시킨 일에서 찾을 수 있으며, 이제 문제는 양자론을 고전 물리학과 대비해서 그 중요성을 명쾌하게 드러내 보이는 것입니다.

고전 물리학에서 연구의 목적은 시공간 속에서 일어나는 물체의 작용을 탐구하고, 기본 조건하에서 그런 작용이 일어나도록 하는 법칙을 발견하는 것이었습니다. 고전 물리학에서는 특정 현상이 시공간 속에서 객관적으로 일어난다는 사실을 확인하고, 그 현상이 미분 방정식의 형태로 정립된 고전 물리학의 법칙을 따른다고 증명될 경우 문제가 해결되었다고 간주합니다. 개별 작용에 대한 지식을 어떻게 습득했는지는, 즉 그런 실험 결과에 이르도록 만든 관찰 자체는 전혀 중요하지 않은 것으로 생각해도 무방합니다. 또한 고전 이론이 예측한 바를 확인하기 위해 관찰을 하는 방식도 중요하지 않은 문제로 간주합니다. 그러나 양자론에서는 상황이 완전히 달라집니다. 양자역학의 공식을 시공간 속에서 발생하는 현상을 시각적으로 기술할 수 있다는 뜻으로 해석할 수 없다는 사실은, 양자역학이 시공간 현상의 객관적 측정에 연연하지 않는다는 사실을 보여줍니다. 오히려 그와는 반대로, 양자역학의 공식화는 뒤이은 실험에서 확률로 나타나는 결과가 원자계 속의 실험 상태에 따라서, 특정 원자계에 두 번의 실험을 수행하는 데서 발생한 외의 다른 섭동이 존재하지 않는다는 가정하에 결정됩니다. 계에 대해 가능한 모든 실험을 통한 탐구에서 얻을 수 있는 명확한 결과물이 두 번째 실험에서 특정한 결과가 나올 확률일 뿐이라는 사실은, 결국 두 번의 관찰로 인해 원자 단위의 기술에 대한 공식에서 불연속적인 변화가 일어나며, 따라서 물리적 현상 자체도 불연속적인 변화를 보인다는 사실을 말해줍니다. 고전 이론에서는 관찰의 종류가 사건 자체에 어떤 영향도 끼치지 못하지만, 양자론에서는 원자 단위의 현상에 대해 개별 관찰이 끼치는 간섭이 결정적인 역할을 수행합니다. 그리고 관찰의 결과는 이후 관찰에서 특정 결과가 나올 확률밖에 알려주지 못하기 때문에, 보어가 증명했듯이, 양자역학이 모순 없이 작동하기 위해서는 개별 섭동에서 근본적으로 입증할 수 없는 요소들이 결정적인 역할을 수행하게 됩니다. 고전 물리학과 원자물리학이 이런 차이를 보인다는 사실은 태양 주변을 도는 행성처럼 무거운 물체의 경우에는 표면에 반사되는 햇빛의 압력이 관찰할 때 무시할 수 있을 정도의 미약한 영향만을 끼친다는 사실을 생각하면 이해할 수 있습니다. 그러나 물질의 가장 작은 구성 요소의 경우에는 자체의 질량이 작기 때문에 관찰을 할 때마다 그 물체의 행동에 결정적인 영향을 끼치는 것입니다.

관찰에 의해 관찰의 대상이 되는 계에 발생한 섭동 또한 원자 단위의 현상을 시각적으로 기술할 수 있는 가능성의 한계를 파악하고자 할 때 중요한 요소가 됩니다. 원자계의 고전 운동을 파악하기 위해 필요한 모든 성질을 정확하게 측정할 수 있는 실험이 존재한다면, 그리고 이를 통해, 이를테면 계 안의 모든 전자가 특정 순간에 가지는 위치와 속도의 정확한 값을 구할 수 있다면, 이 실험의 결과는 공식에 대입하여 사용할 수 있는 것이 아니라 도리어 공식 자체와 모순되는 것이 됩니다. 따라서 이번에도 측정 자체에 의해 발생한 계의 섭동에 존재하는 근본적으로 확인할 수 없는 일부가 고전적 성질을 정확하게 확정할 수 없게 만들며, 따라서 양자역학을 적용할 수 있도록 해 주는 것입니다. 이 공식을 보다 자세히 살피면 입자의 위치를 확정할 때의 정확도와 같은 순간에 운동량을 측정하는 정확도 사이에는 위치와 운동량을 측정할 때 오류가 발생할 가능성에 대한 관계가 존재한다는 사실을 알 수 있습니다. 이는 적어도 플랑크 상수를 4π로 나눈 값만큼 크기 때문에, 이를 일반적인 공식으로 나타내면

$$\Delta p \ \Delta q \geqslant \frac{b}{4\pi}$$

와 같은 형태가 될 것이며, 여기서 p와 q는 정준짝canonical conjugation 변수입니다. 이런 고전적 변수의 측정 결과에 대한 불확정 관계는 측정 결과를 양자론 공식으로 표현해야 한다는 필요조건이 됩니다. 보어는 일련의 예시를 통해 개별 관찰과 연관된 섭동이 불확정 관계에서 지정한 한계 설정 이하로 내려갈 수 없다는 사실을 증명했습니다. 그는 섭동의 일부를 파악하는 일이 애초부터 불가능하기 때문에 측정이라는 개념 자체가 불확정성을 도입하게 마련이라고 분석했습니다. 시공간 속의 사건을 실험을 통해 확정하기 위해서는 결국 고정된 틀

이 ─ 이를테면 관찰자가 정지 상태에 있는 기준 좌표계가 ─
필요하며, 모든 측정은 이 틀에 대하여 기술되어야 합니다. 이
런 틀이 '고정'되어 있다는 가정은 결국 최초 운동량을 무시한
다는 뜻이 되는데, 이는 당연하지만 '고정'이라는 표현 자체가
운동량을 전이시켜도 감지할 수 있는 효과를 일으키지 않는다
는 의미를 가지기 때문입니다. 이 시점에서 필연적으로 존재할
수밖에 없는 불확정성은 측정 도구를 통해 원자 단위의 사건
으로 전달됩니다.

이런 상황을 생각해 보면, 대상과 측정 도구와 관찰자를 하
나의 양자역학적 계로 묶어서 모든 불확정성을 제거해 버리는
가능성을 탐구하고 싶은 유혹이 생길 수밖에 없는데, 이에 대
해서는 물리학은 근본적으로 시공간 속의 작용을 체계적으로
기술하는 일에만 신경을 쓰며, 따라서 측정이라는 행위를 통한
시각적인 표현이 가능해야 한다는 점을 강조하고 싶습니다. 따
라서 관찰자의 행위와 그의 측정 도구는 고전 물리학의 법칙
에 따라 기술되어야 하며, 그렇게 하지 않는다면 물리학의 문
제를 설정하는 일 자체가 불가능합니다. 보어가 강조한 대로,
측정 도구 안에서는 고전 이론을 따르는 모든 사건은 결정된
것으로 간주되어야 하는데, 이는 측정 결과를 놓고 명확하게
일어난 사건에 대한 결론을 내리기 위한 필요조건입니다. 양자
론에서도 관찰 결과를 객관화하는 고전 물리학의 공식을 사용

하는 것은 가능하지만, 다만 플랑크 상수가 상징하는 원자 단위의 사건을 시각화할 수 없다는 특성 때문에 발생하는 근본적인 한계에 부딪칠 때까지만 시공간이 고전 물리학의 법칙을 따른다고 한정하면 됩니다. 원자 단위의 사건을 시각적으로 기술하는 것은 특정 정확도 한계까지만 가능하지만, 그 한계 안에서는 고전 물리학의 법칙도 그대로 적용됩니다. 불확정 관계에 의해 규정되는 이런 정확도의 한계는 원자의 모호하지 않은 시각적 모습을 명확하게 그려낼 수 없게 만들고, 따라서 시각적 해석에는 입자 개념과 파동 개념 양쪽을 모두 사용할 수 있게 됩니다.

양자역학의 법칙은 기본적으로 통계적 성질을 지닙니다. 원자계의 매개변수가 전부 실험을 통해 확정되기는 했지만, 계를 미래에 관찰했을 때의 결과는 일반적으로 예측 가능하지 않습니다. 그러나 그 이후 시간에는 정확하게 예측할 수 있는 실험 결과를 내는 지점이 존재합니다. 그 외의 관찰에서는 실험에서 특정 결과가 발생할 확률밖에 예측할 수 없습니다. 양자역학의 법칙에 영향을 받는 이런 정확도는, 이를테면 에너지와 운동량 보존 법칙이 여전히 엄밀하게 적용된다는 사실의 이유가 됩니다. 특정 정확도에서 확인하면, 그 확인을 한 정확도의 한도 내에서는 유효함이 밝혀지는 것입니다. 그러나 양자역학 법칙이 가지는 통계적 성질은 에너지 조건과 특정 시공간에서 벌어지는 사건을 동시에 엄밀하게 연구할 수 없다는 사실에서 명확해집니다.

양자역학의 개념 원리에 대한 가장 명확한 분석에 있어 우리 모두는 보어의 도움을 받았는데, 그는 다른 무엇보다 상보성이라는 개념을 적용하여 양자역학 법칙의 유효성을 해석하는 방법을 창안했습니다. 불확정 관계만 살펴봐도 양자역학에서 특정 변수에 대한 완벽한 지식이 다른 변수에 대한 완벽한 지식을 제한하는지를 즉시 파악할 수 있습니다. 동일한 하나의 물리 작용에 대한 서로 다른 요소들이 보이는 상보적 관계는 분명 양자역학의 전체 구조가 가지는 특징입니다. 예를 들어, 방금 언급한 대로, 에너지 관계가 확정되면 시공간의 작용을 상세히 기술하는 것이 불가능해집니다. 마찬가지로, 분자의 화학적 성질의 연구는 분자 속의 개별 전자의 운동에 관한 연구와 상보적이며, 간섭 현상의 관찰은 개별 광입자의 관찰과 상보적입니다. 마지막으로 고전 또는 양자역학의 유효 범주는 다음과 같은 식으로 서로에 대해 상보적으로 작용합니다. 고전 물리학은 자연에 대해 배우려는 노력을 상징하며, 여기서 우리는 관찰을 통해 객관적 결론을 얻으려 하기 때문에 관찰이라는 행위가 관찰 대상에 영향을 끼칠 수 있다는 가능성을 무시합니다. 따라서 고전 물리학은 사건에 끼치는 관찰의 효과를 더 이상 무시할 수 없게 되는 순간 한계에 직면합니다. 역으로 양자역학은 시공간에 대한 기술과 객관화를 일부 포기함으로서 원자 단위의 작용을 기술 가능하게 만듭니다.

따라서 양자역학의 해석에 있어, 저는 과도하게 모호한 용어에 의지한 주장을 펴는 대신 양자론을 이용하면 우리 일상생활에서 마주치는 감지 가능한 작용을 어느 정도까지 설명할 수 있는지를 잘 알려진 예를 통해 간단히 설명해 보고 싶습니다. 액체에서 갑자기 생성되는 규칙적인 결정 구조는 일부 과학자들의 주요한 연구 대상인데, 과포화 상태의 소금물에서 이런 현상을 찾아볼 수 있습니다. 양자론에 따르면 이 현상에서 결정을 만드는 힘은 어느 정도까지는 슈뢰딩거의 파동 방정식의 해에 대해 대칭적인 특성을 가지며, 따라서 그 한도까지는 양자론으로 결정화 현상을 설명할 수 있습니다. 그러나 이 현상에는 통계적, 심지어 역사적이라고 부를 수도 있을 요소가 존재하며, 이는 더 이상 환원할 수 없습니다. 결정화 현상이 일어나기 전까지 액체의 상태를 완벽하게 알고 있더라도, 결정의 형태는 양자역학의 법칙에 따라 확정되어 있지 않습니다. 규칙적인 형태가 형성될 가능성이 불규칙한 덩어리가 형성될 가능성보다 훨씬 높을 뿐입니다. 그러나 결정이 만드는 최종적인 형태는 더 이상 분석할 수 없는 확률이라는 요소에 일정 한계까지는 영향을 받습니다.

양자역학에 대한 강연을 마치기 전에, 이 분야의 연구가 지속적으로 발전할 경우 어떤 미래를 꿈꿀 수 있는지를 간략하게 논의해 볼 기회를 얻고 싶습니다. 드브로이, 슈뢰딩거, 보른, 요르단, 디랙의 관점 모두에 기반을 두고 연구를 계속해야 한다는 점은 구태여 언급할 필요가 없을 것입니다. 여기서 연구자들의 관심은 주로 특수 상대성이론의 주장을 양자론과 조화시키는 데 맞춰져 있습니다. 디랙 본인이 잠시 후 설명할, 그가 이 분야에서 이루어낸 업적에서도 조머펠트 미세구조상수를 확정하지 않고서 두 이론을 동시에 만족시킬 수 있는가라는 문제에 대해서는 답을 내놓지 않고 있습니다. 지금까지 양자론의 상대성 공식을 만들기 위한 노력은 모두 고전 물리학과 유사한 시각적 개념에 기반을 두고 있어서, 개념 체계 안에서 미세구조상수를 확정하는 일이 불가능해 보였습니다. 여기서 논의하는 개념 체계의 확장은 파동 역장의 양자론의 발전과 긴밀한 관계를 가지고 진행되어야 하며, 제게 있어서는 이런 공식화야말로 여러 연구자들(디랙, 파울리, 요르단, 클라인, 위그너, 페르미)의 체계적인 연구에도 불구하고 아직 살펴볼 대상이 남은 영역이라 생각합니다. 원자핵의 구조와 관련된 실험 또한 양자역학의 발전에 중요한 지침이 될 수 있습니다. 가모프 이론을 이용해 이런 실험을 분석하면, 원자핵을 구성하는 기본 입자들 사이에는 원자껍질의 구조를 결정하는 것과는 어딘가 다른 종류의 힘이 존재하는 것으로 보입니다. 스텀의 실험은 무거운 기본 입자의 행동을 디랙의 전자에 관한 이론으로 표현할 수 없다는 점을 보여주는 듯합니다. 따라서 연구를 계속해 나가면 원자물리학과 우주 복사 양쪽 영역에서 놀라운 결과가 나올 것이라 생각합니다. 그러나 이런 발전이 상세한 부분에서 어떻게 발전하든, 지금까지 양자론이 겪어 온 길을 돌이켜보면 지금까지 밝혀지지 않은 원자물리학의 특성을 이해하기 위해서는 시각화와 객관화의 가능성을 지금까지 해온 것보다 더 많이 포기해야만 할 것이라는 사실은 분명합니다. 과거 물리학에서 시각적인 원자 개념이 얼마나 많은 난점을 일으켰는지를 생각하면, 그리고 현재 발전을 거듭하는 보다 모호한 원자물리학도 언젠가는 과학이라는 거대한 지식 체계 안에 조화롭게 융화될 것이라는 희망을 품기만 한다면, 이를 아쉬워할 필요는 조금도 없으리라 생각합니다.

(1933. 12. 11)

옮긴이의 말

하이젠베르크라는 저자의 명성 못지않게, 현대물리학과 철학이라는 서로 다른 두 학문의 무게가 번역 작업을 하는 내내 중압감으로 작용했다. 후기를 쓰는 지금도, 어느 한쪽도 제대로 이해하지 못하는 번역가의 손에서 원전의 내용이 너무 심하게 손상되지 않았기만을 초조한 마음으로 기원하고 있을 뿐이다.

하이젠베르크가 기퍼드 강의를 처음 책으로 출간한 이후 60여 년이 흘렀다. 당연한 이야기겠지만 하이젠베르크가 강의에서 언급한 내용도 세월이 흐르는 동안 여러 부분에서 수정과 진보가 이루어졌다. 하이젠베르크 본인조차 최대한 유보를 하며 언급한, 생물학이나 심리학 등 20세기 후반에 들어 급속하게 발전한 학문의 경우에는 그런 모습이 더욱 강하게 엿보인다.

하지만 그렇기 때문에, 그리고 하이젠베르크가 물리학을 중심으로 당대의 다양한 학문 및 현실과의 연결을 여러 측면에서 고찰했기 때문에, 이 책은 나름의 독특한 역사성을 지닌다. 칸트와 괴테를 인용하며 물질 개념의 변천사와 물리학 용어의 본질에 대해 고찰하는 부분은 그 중에서도 특히 흥미로우며, 순수한 과학 이론만을 접했을 때와는 다른 독특한 즐거움을 느낄 수 있었다.

번역을 하면서 가장 인상 깊었던 내용은 서두와 말미를 장식하는 전후 세계에서 핵물리학이 수행할 역할에 대한 주장이었다. 20세기의 시작과 함께 태어나 양차 세계대전을 직접 겪고, 마침내 나치 치하에서 핵무기 개발에 연루되기까지 했던 당대 최고의 두뇌가, 현대물리학이 바로 그 무기로서의 유용성 때문에 인류의 상호 이해에 기여할 것이라 주장하는 모습은 자못 상쾌하기까지 하다.

냉전 체제가 종식되고 새로운 세기에 들어선 지금, 그의 주장이 온당한 것이었는지, 그리고 얼마나 현실로 이루어졌는지 여부에 대해서는 사람에 따라 다른 평가를 내릴 수 있을지도 모르겠다. 하지만 적어도 전후의 하이젠베르크가 자신의 주장을 현실로 이루기 위해 노력했으며, 진정으로 과학을 통한 상호 이해를 추구했다는 점은 부인할 수 없을 것이다. 한 천재의 사상의 궤적을 살펴보고 그가 살아온 시대를 엿볼 수 있다는 점에서, 이 책은 보기 드문 즐거움을 독자들에게 제공해 줄 것이다.

옮긴이 | 조호근

서울대학교 생명과학부를 졸업하고 아동과학서 및 SF, 판타지, 호러소설 번역을 주로
해왔다. 옮긴 책으로『물리는 어떻게 진화했는가』『아마겟돈』『SF 명예의 전당 2: 화성
의 오디세이』(공역)『장르라고 부르면 대답함』『SF 세계에서 안전하게 살아가는 방법』
『도매가로 기억을 팝니다』『컴퓨터 커넥션』『타임십』『런던의 강들』『몬터규 로즈 제
임스』『모나』『레이 브래드버리』『마이너리티 리포트』등이 있다.

물리와 철학

1쇄 발행 2018년 4월 15일
4쇄 발행 2025년 1월 15일

지은이 베르너 하이젠베르크
옮긴이 조호근

펴낸곳 서커스출판상회
주소 서울 마포구 월드컵북로 400 5층 24호(상암동, 문화콘텐츠센터)
전화번호 02-3153-1311
팩스 02-3153-2903
전자우편 rigolo@hanmail.net
출판등록 2015년 1월 2일(제2015-000002호)

ISBN 979-11-87295-10-5 03400